Diese Mitteilungen setzen eine von Erich Regener begründete Reihe fort, deren Hefte am Ende dieser Arbeit genannt sind.

Bis Heft 19 wurden die Mitteilungen herausgegeben von J. Bartels und W. Dieminger. Von Heft 20 an zeichnen W. Dieminger, A. Ehmert und G. Pfotzer als Herausgeber.

Das Max-Planck-Institut für Aeronomie vereinigt zwei Institute, das Institut für Stratosphärenphysik und das Institut für Ionosphärenphysik.

Ein **(S)** oder **(I)** beim Titel deutet an, aus welchem Institut die Arbeit stammt.

Anschrift der beiden Institute:

3411 Lindau

ÜBER EINE NEUE OZONRADIOSONDE
UND UNTERSUCHUNG VON LUFTTRANSPORTEN
IN DER UNTEREN STRATOSPHÄRE

von

PETER FABIAN

ISBN 978-3-540-03928-0   ISBN 978-3-642-88545-7 (eBook)
DOI 10.1007/978-3-642-88545-7

Inhaltsverzeichnis

Einleitung .... Seite 5

A. **Eine neue Ballonradiosonde zur Messung der vertikalen Ozonverteilung in der Atmosphäre** 6

   1) Allgemeine Überlegungen zum Bau einer einfachen Ozonsonde 6
   2) Die Berechnungsgrundlage für die optische Ozonsonde 9
   3) Aufbau und Wirkungsweise der neuen optischen Ozonradiosonde 11
   4) Der technische Aufbau der Ozonsonde 17
      a) Der optische Teil 17
      b) Der elektronische Teil 20
      c) Druckmessung 23
      d) Temperaturmessung 23
      e) Erweiterungsmöglichkeit der Ozonsonde für die Messung zusätzlicher Größen 24
   5) Die Energieversorgung der Ozonsonde 24
   6) Die Eichung der Ozonsonde 24
   7) Ballontechnik 24
   8) Die Bodenstation 25
      a) Die Empfangsanlage 25
      b) Auswertung der Meßwerte der Ozonsonde 27
   9) Fehlerbetrachtungen 29
  10) Vergleichsmessungen der neuen Sonde mit einem erprobten Gerät 30

B. **Deutung der Ergebnisse der gemessenen Ozonprofile im Hinblick auf die großräumigen Zirkulationen der Atmosphäre** 32

  11) Diskussion der gemessenen Ozonprofile 32
  12) Der Einfluß von Luftzirkulationen auf den Ozongehalt der unteren Stratosphäre 33
  13) Der großräumige Ozonkreislauf 40

Zusammenfassung 43

Literaturverzeichnis 45

Anhang 1 Schaltbilder der Ozonradiosonde 47

Anhang 2 Ozonogramme der Lindauer Aufstiege 51

Einleitung

Die in der Atmosphäre eingebettete Ozonschicht läßt sich - nach fotochemischen Gesichtspunkten - grob schematisch in zwei Bereiche aufgliedern, in das "hohe Ozon" oberhalb etwa 30 km und den Bereich unterhalb dieser Grenze, der die überwiegende Ozonmenge enthält.

Im oberen Bereich ist das für die Ozonbildung verantwortliche kurzwellige Sonnenlicht mit Wellenlängen unter 2424 ÅE noch so ausreichend vorhanden, daß das fotochemische Gleichgewicht zwischen Ozonbildung und Ozonzerstörung sich in kurzer Zeit einstellt. Die Variationen dieses hohen Ozons sind im wesentlichen fotochemisch bedingt, Änderungen der Sonneneinstrahlung bewirken direkt Änderungen der Ozonkonzentration. In diesem Bereich liegen bislang nur wenige Raketenmessungen [JOHNSON, PURCELL und TOUSEY 1951, 52] und Messungen vom Boden aus mit Hilfe des Götzeffektes (Umkehrmessungen) vor, wobei die Genauigkeit dieses indirekten Verfahrens beschränkt bleiben muß [DÜTSCH 1959, 62, 64a, 64b, 65a, DÜTSCH und MATEER 64].

Im unteren Bereich, der die überwiegende Ozonmenge enthält, entfällt die Neubildung von Ozon weitgehend und nimmt auch die Ozonzerstörung mit abnehmender Höhe rasch ab, so daß sich das in einem Luftkörper eingelagerte Ozon nur langsam ändert und damit für viele Untersuchungen großräumiger Luftbewegungen eine geeignete Tracersubstanz darstellt.

Die ersten stichprobenartigen Messungen in diesem Bereich, der mit Ballonsonden zugänglich ist, wurden von E. REGENER und V.H. REGENER [1934, 38b] mit UV-Spektrographen durchgeführt; ihnen folgte während des Internationalen Geophysikalischen Jahres eine größere Anzahl von Messungen mit einer optischen Sonde [KULCKE 1956, KULCKE und PAETZOLD 57]. Ein größeres Meßprogramm läuft seit 1963 in Nordamerika [HERING und BORDEN 1965, DÜTSCH 66], wo neben den schon erwähnten Umkehrmessungen über einem festen Stationsnetz chemische [BREWER und MILFORD 1966] und chemiluminiszente Ozonradiosonden [V.H. REGENER 1960] routinemäßig gestartet werden. Auch in Europa ist von Ende 1966 an, zunächst in recht bescheidenem Rahmen, an mehreren Stationen ein solches Sondenprogramm geplant.

Die hohen Kosten, die ein umfangreiches Meßprogramm erfordert, lassen es geraten erscheinen, alle Möglichkeiten zum Bau einfacher und preisgünstiger Ozonradiosonden zu prüfen. Erfahrungsgemäß geht ein großer Teil der gestarteten Geräte verloren oder wird in unbrauchbarem Zustand gefunden.

Aus diesem Grunde wurde im Max-Planck-Institut für Aeronomie nach eingehenden Voruntersuchungen eine Ozonradiosonde entwickelt, die einfach und robust aufgebaut ist, deren Telemetriesystem für Expeditionen ein Minimum an Aufwand bedeutet und deren Herstellungskosten sehr niedrig liegen. Dieses Gerät benutzt die Absorption des direkten Sonnenlichtes durch das atmosphärische Ozon im sichtbaren Spektralbereich, in den Chappuisbanden. Aufbau, Wirkungsweise und erste Meßergebnisse der neuen Ballonsonde sind im ersten Teil der vorliegenden Arbeit beschrieben.

In Übereinstimmung mit Untersuchungen von MOSER [1949] haben die Ergebnisse der bereits durchgeführten Meßprogramme mit Ozonsonden [HERING und BORDEN 1965, DÜTSCH 1966] sowie Umkehrmessungen [DÜTSCH 1962, 64a, 64b.] gezeigt, daß der Hauptanteil der Ozonvariationen in der unteren Stratosphäre, in Höhen zwischen 10 und 20 km stattfindet. Zwischen dem Ozongehalt dieser Schicht und dem Gesamtozonbetrag besteht eine gesicherte positive Korrelation. Damit bietet sich die Möglichkeit, aus Messungen des Gesamtozonbetrages, welche in der Regel mit Hilfe von Dobson-Spektrographen am Erdboden durchgeführt werden, im Rahmen der Statistik den Ozongehalt der unteren Stratosphäre zu bestimmen. Aus dem umfangreichen Meßmaterial von gegenwärtig 87 Stationen, an denen routinemäßig der Gesamtozonbetrag gemessen wird, können also Hinweise auf großräumige Zirkulationen der unteren Stratosphäre gewonnen werden.

1.

Ein solches statistisches Verfahren wurde im zweiten Teil dieser Arbeit angewandt. Ausgehend von den ersten Meßergebnissen der neuen Ozonsonde, wurden Zusammenhänge zwischen Ozonvariationen und Luftmassenverschiebungen in etwa 16 km Höhe (100 mb) ermittelt und statistisch geprüft. Hierzu wurden Meßwerte des Gesamtozonbetrages der Stationen Belsk (Polen), Arosa (Schweiz) und Goose Bay (Kanada) benutzt. Es zeigte sich, daß diese Luftmassenverschiebungen entlang berechneter Windbahnen im 100 mb-Niveau für die Variationen des lokalen Gesamtozonbetrages repräsentativ sind und sich als Teil eines großräumigen Ozonkreislaufs deuten lassen.

A. Eine neue Ballonradiosonde zur Messung der vertikalen Ozonverteilung in der Atmosphäre

1) Allgemeine Überlegungen zum Bau einer einfachen Ozonsonde

Um die vertikale Verteilung des Ozons in der Atmosphäre mit Ballonradiosonden zu messen, kann man prinzipiell zwei Eigenschaften des Ozons ausnutzen, sein chemisches und sein optisches Verhalten.

Die chemische Ozonmessung, welche die Oxydation von Kaliumjodid durch das Ozon ausnutzt, ist schon seit langem zu hoher Genauigkeit entwickelt worden [V.H. REGENER 1938a, GLÜCKAUF, HEAL, MARTIN und PANETH 1944, EHMERT 1949, 51, 52, BOWEN und V.H. REGENER 1951]. Die auf ihren Ozongehalt zu untersuchende Luft wird mit einer Pumpe durch eine definierte Jodkaliumlösung hindurchgesaugt, wobei das durch Oxydation freigesetzte Jod entweder mittels Titration [V.H. REGENER 1938, A. und H. EHMERT 1949b] oder elektrolytisch [GLÜCKAUF et al. 1944, EHMERT 1949, 51, 52, BOWEN und V.H. REGENER 1951] bestimmbar ist. Das Elektrolyseverfahren gestattet eine kontinuierliche Messung und ist daher für automatische Ozondauerregistriergeräte am Erdboden [PRUCHNIEWICZ 1965] sowie Radiosonden [BREWER, MILFORD 1960, BREWER, DÜTSCH, MILFORD, MIGEOTTE, PAETZOLD, PISCALAR, VIGROUX 1960] anwendbar.

Auf einem anderen chemischen Meßprinzip beruht die von V.H. REGENER entwickelte Ozonradiosonde, die als Ozonsensor eine mit Rhodamin B angereicherte Silikagelscheibe benutzt, über die das zu messende Ozonluftgemisch gepumpt wird. Die beim Zerfall der Ozonmoleküle in Verbindung mit dem chemiluminiszenten Material entstehenden Photonen, deren Anzahl der jeweiligen Ozonkonzentration proportional ist, werden mit Hilfe eines Fotoelektronenvervielfachers registriert [V.H. REGENER 1960].

Auch die optischen Eigenschaften des Ozons, sein Absorptionsvermögen in weiten Spektralbereichen, sind vielfach zu Ozonmessungen benutzt worden. Eine Übersicht über das Absorptionsspektrum gibt die Abb. 1 [PENNDORF 1936].

Alle bisherigen Meßverfahren benutzen die hohen Absorptionskoeffizienten im Ultravioletten, in den Hartley- und Huggins-Banden [V.H. REGENER 1938b, 51, COBLENTZ und STAIR 1939, JOHNSON et al. 1951, 52, KULCKE 1956, 57, BREWER et al. 1960]. Die im Max-Planck-Institut für Stratosphärenphysik entwickelte UV-Sonde [KULCKE 1956, KULCKE und PAETZOLD 57, BREWER et al. 1960] mißt während des Aufstieges kontinuierlich die Sonnenlichtintensität in zwei ausgefilterten Wellenlängenbereichen um 3100 ÅE und 3600 ÅE. Aus dem Verlauf des Verhältnisses dieser Lichtintensitäten als Funktion der Höhe berechnet sich - nach Anbringung einer geeigneten Streulichtkorrektur - der jeweils über der Sonde befindliche Gesamtozonbetrag, aus dem sich durch Differentiation das gewünschte Ozonprofil ergibt. Damit erhebt sich aber automatisch eine Forderung an die Genauigkeit der Meßwerte, die so hoch sein muß, daß die Differentiation innerhalb der gewünschten Fehlergrenzen möglich ist. KULCKE hat in seiner

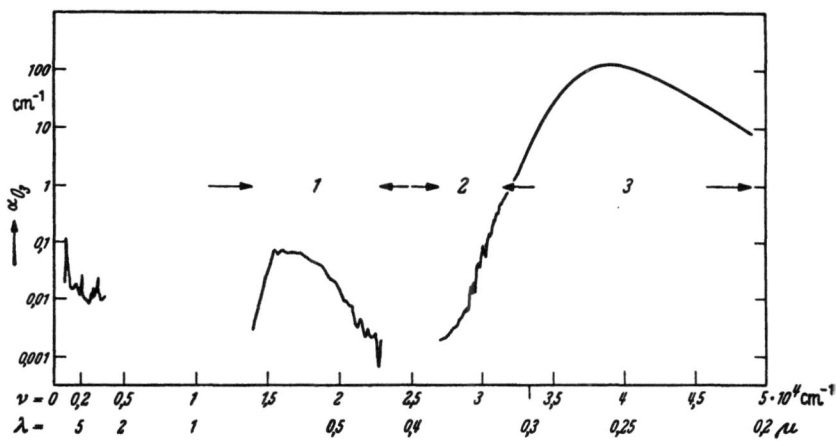

Abb. 1: Absorptionsspektrum des Ozons nach PENNDORF.
1 Chappuis-Banden; 2 Huggins-Banden; 3 Hartley-Bande

Dissertation [1956] abgeschätzt, daß bei den in der Atmosphäre vorkommenden Ozonmengen ein minimaler dekadischer Ozonabsorptionskoeffizient von 0,13 cm^{-1} nötig ist, damit bei seiner Meßanordnung der Meßfehler für das Ozon 10% nicht übersteigt. Der relative Meßfehler des Strahlungsempfängers wurde mit 1,5% veranschlagt. Absorptionskoeffizienten dieser Größe kommen aber, wie Abb. 1 veranschaulicht, nur im Ultravioletten vor.

Die Vor- und Nachteile der aufgezählten Ozonmeßverfahren für die Anwendung in Ballonsonden liegen auf der Hand. Die chemischen Ozonsonden erfordern einen verhältnismäßig großen instrumentellen Aufwand, zum Teil ist vor jedem Start eine Absoluteichung mit Hilfe einer definierten Ozonquelle notwendig. Dafür wird das Ozonprofil direkt gemessen und muß nicht wie bei den optischen Sonden durch Differentiation einer integralen Aufstiegsmeßkurve errechnet werden.

Ozonmessungen mit optischen Sonden sind einfacher durchzuführen, die Geräte sind beinahe unbegrenzt lagerfähig und bedürfen nicht der ständigen Nacheichung. Bei den bislang verwendeten Ultraviolett-Sonden ist aber der Rechenaufwand für die Auswertung recht umfangreich, denn es muß nicht nur die variierende Sonnenhöhe, sondern auch - bedingt durch die extreme Wellenlängenabhängigkeit der Absorption im UV - ein veränderlicher effektiver Absorptionskoeffizient berücksichtigt werden. Wegen der starken Rayleighstreuung im Ultraviolettbereich ist ferner eine halbempirische Streulichtkorrektur anzubringen [BREWER et al. 1960]. Diese Schwierigkeiten, gekoppelt mit der erwähnten Notwendigkeit, das Ozonprofil aus einer integralen Aufstiegskurve durch Differentiation berechnen zu müssen, ergibt den wesentlichen Nachteil der optischen Ozonsonde: Es ist - im Gegensatz zur chemischen Ozonsonde - nicht möglich, das gesamte troposphärische Ozon zu erfassen, welches mengenmäßig im allgemeinen zwar gering, zur Erforschung vieler Austauschprobleme aber wesentlich ist. Oberhalb von etwa 10 km Höhe mißt die optische UV-Sonde das Profil der eigentlichen Ozonschicht mit befriedigender Genauigkeit, ohne allerdings wie die chemische Sonde die vertikale "Feinstruktur" wiedergeben zu können. Vergleichsmessungen der verschiedenen Verfahren sind in der von BREWER et al. [1960] veröffentlichten Arbeit beschrieben.

Ziel dieser Arbeit war es, eine Ozonradiosonde zu entwickeln, welche

a) einfach und robust konstruiert ist, damit sie auch in unwirtlichen Gebieten ohne großen Aufwand einsatzfähig ist, welche

b) das Ozonprofil mindestens mit der Genauigkeit der optischen UV-Sonden messen kann und welche

c) möglichst preisgünstig herzustellen ist, damit Routineflüge in großer Zahl mit diesem Gerät durchgeführt werden können.

d) Ferner sollte die Auswertung der Aufstiegsmeßdaten schnell und ohne größere Hilfsmittel möglich sein.

Die ersten drei Forderungen würden am besten von einer optischen Sonde erfüllt. Eine Verbesserung der Meßgenauigkeit ist aber bei dem bislang verwendeten UV-Gerät wegen der erwähnten notwendigen Streulichtkorrektur und der Korrektur des effektiven Absorptionskoeffizienten wahrscheinlich nicht möglich. Eine günstigere Konstruktion wäre daher eine optische Sonde, welche nicht die Ultraviolettabsorption sondern die Ozonabsorption im sichtbaren Spektralbereich, in den Chappuisbanden, ausnutzt. Hier sind die Absorptionskoeffizienten zwar sehr viel kleiner als im UV, was eine erhöhte Meßgenauigkeit erfordert. Ein wesentlicher Vorteil der kleinen und mit der Wellenlänge nur schwach veränderlichen Absorptionskoeffizienten wäre es aber, daß die im UV notwendige Korrektur des effektiven Absorptionskoeffizienten mit der Höhe unnötig würde. Ferner ist im Gebiet der Chappuisbanden der Rayleighstreukoeffizient etwa 10-mal kleiner als im bislang benutzten UV-Bereich (Abb. 2). Dadurch entfällt auch die Streulichtkorrektur bei Verwendung einer geeigneten Blendenvorrichtung. Als weiterer Vorteil kommt hinzu, daß der optische Teil der Sonde - für sichtbares Licht ausgelegt - einfacher und preiswerter zu konstruieren ist als für Ultraviolettmessungen.

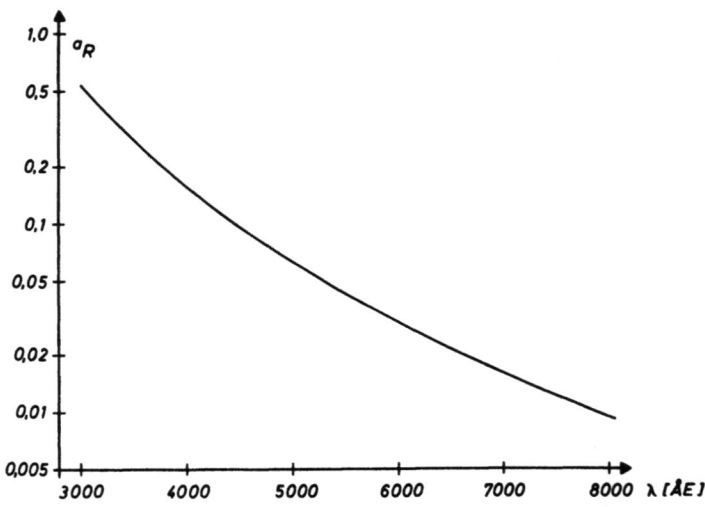

Abb. 2: Dekadischer Extinktions-Koeffizient der Rayleigh-Streuung.

Im folgenden Teil dieser Arbeit ist die Konstruktion und Erprobung einer solchen optischen Ozonsonde beschrieben, welche die Ozonabsorption im sichtbaren Spektralbereich, in den Chappuisbanden, ausnutzt. Die Anwendung eines geeigneten Meßverfahrens macht es möglich, die Meßgenauigkeit bedeutend zu erhöhen. Es wird gezeigt, daß die Korrektur des effektiven Absorptionskoeffizienten und die Streulichtkorrektur, welche bei UV-Sonden notwendig sind, hier fortfallen können, wodurch die Auswertung der Meßdaten (Forderung d) sehr einfach wird.

2) Die Berechnungsgrundlage für die optische Ozonsonde

ist das Extinktionsgesetz für die Atmosphäre, das man in der Form schreiben kann:

$$E(\lambda, p, M, D, x^*) = E_o(\lambda) \cdot 10^{-[a_R(\lambda) p/p_o \cdot M + a_D(\lambda) \cdot D + \alpha(\lambda) \cdot x^*]}$$

Hierin ist $E_o(\lambda)$ die spektrale Energie einer Lichtquelle außerhalb der Atmosphäre, hier das Spektrum der Sonne. E bezeichnet die Sonnenlichtintensität für die Wellenlänge λ nach Durchlaufen der Luftmasse $p/p_o \cdot M$, des atmosphärischen Dunstes D und der Ozonmenge x^*. Die entsprechenden dekadischen Extinktionskoeffizienten für Rayleighstreuung, Dunstextinktion und Ozonabsorption sind $a_R(\lambda)$, $a_D(\lambda)$ und $\alpha(\lambda)$. p/p_o gibt das Verhältnis von Luftdruck p bei der Messung und dem Bodenluftdruck p_o an.

Für das Problem einer Ozonsonde, welche im wesentlichen in Höhen oberhalb von 10 km messen soll, ist das Dunstextinktionsglied zu vernachlässigen. Eine weitere Vereinfachung ergibt sich dadurch, daß man M durch sec ζ ersetzt, wobei ζ die Zenitdistanz der Sonne, also $90° - \beta$ (β = Sonnenhöhe) ist (der hierdurch verursachte Fehler ist zu vernachlässigen für $\beta > 10°$). Schließlich läßt sich die durchstrahlte Ozonmenge x^* schreiben als $x^* = x \cdot \sec \zeta$; hierbei ist x die Ozonmenge senkrecht über dem Meßgerät.

Damit nimmt das Extinktionsgesetz eine einfache Form an, es ist dann

$$E(\lambda, p, \zeta, x) = E_o(\lambda) \cdot 10^{-[a_R(\lambda) p/p_o + \alpha(\lambda) \cdot x] \cdot \sec \zeta} \qquad (1)$$

oder

$$\log E(\lambda, p, \zeta, x) = \log E_o(\lambda) - [a_R(\lambda) p/p_o + \alpha(\lambda) \cdot x] \cdot \sec \zeta \qquad (2)$$

Zunächst soll ganz grob abgeschätzt werden, welche Anforderungen an die Meßgenauigkeit der Ozonsonde zu stellen sind. Die neue Ozonsonde soll es gestatten, alle 500 Meter Höhendifferenz einen mittleren Wert der Ozonkonzentration mit einer Genauigkeit von $\pm$ 10% zu berechnen. Es ist zu klären, ob und wie weit im Bereich der Chappuisbanden diese Grundforderung zu erfüllen ist. In Abb. 3 ist aufgetragen, wie stark Ozonabsorption und Rayleighstreuung als Funktion der Sonnenhöhe zur Extinktion des direkten Sonnenlichtes beitragen. Die Kurven wurden für die Wellenlänge mit maximaler Ozonabsorption in den Chappuisbanden, nämlich λ = 6010 ÅE, sowie einen mittleren Gesamtozonbetrag x_o = 0,25 cm O_3 (250 m atm-cm) berechnet. Bei einer Sonnenhöhe von β = 30° (ζ = 60°) absorbiert das gesamte atmosphärische Ozon (x_o = 0,25 cm O_3) 7,5% des Sonnenlichtes der Wellenlänge λ = 6010 ÅE, bei größeren Sonnenhöhen wird dieser Wert kleiner und damit für die Messung ungünstiger.

Die Lichtenergie E wird während des Aufstieges fortlaufend gemessen, der jeweils über der Sonde befindliche integrale Ozonbetrag x berechnet sich daraus nach Gleichung (2) zu

$$x = \frac{\log \frac{E_o}{E}}{\alpha \cdot \sec \zeta} \qquad (2a)$$

Hierbei ist der Anteil der Rayleighstreuung zur Vereinfachung für die folgende Abschätzung zunächst fortgelassen.

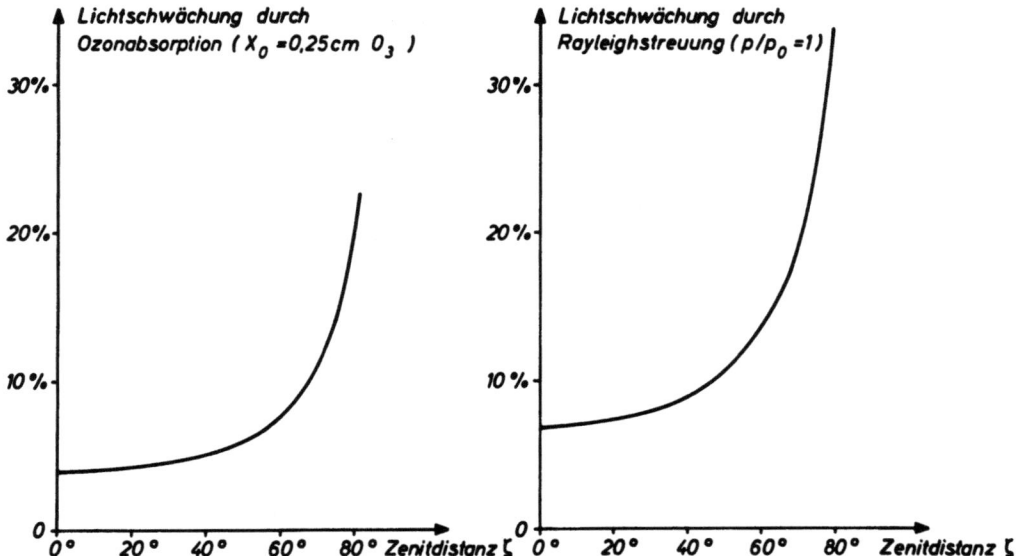

Abb. 3: Anteil von Ozonabsorption und Rayleighstreuung an der atmosphärischen Extinktion von direktem Sonnenlicht der Wellenlänge $\lambda = 6010$ ÅE in Abhängigkeit der Zenitdistanz der Sonne. Angenommener Ozonbetrag: $x_o = 0,25$ cm O_3.

Das Ozonprofil ergibt sich dann durch Differentiation der x-Werte nach der Höhe. Diese Differentiation geschieht in der Weise, daß für jeweils zwei aufeinanderfolgende Werte von x der Differenzenquotient

$$\frac{\Delta x}{\Delta h} \approx \varepsilon = \frac{dx}{dh} \qquad \text{gebildet wird.}$$

Angenommen, die Ozonsonde wäre so ausgelegt, daß pro 500 Meter-Höhenintervall 4 voneinander unabhängige Werte von E gemessen würden und damit 4 unabhängige Werte x_1, x_2, x_3, und x_4 für die Berechnung der mittleren Ozonkonzentration in diesem Intervall zur Verfügung stünden, dann ließe sich ε als Mittel der beiden Differenzenquotienten

$$\frac{x_1 - x_2}{\Delta h} \qquad \text{und} \qquad \frac{x_3 - x_4}{\Delta h} \qquad \text{angeben.}$$

Der mittlere relative Fehler in x sei $\frac{\Delta x}{x}$, derjenige in ε sei $\frac{\Delta \varepsilon}{\varepsilon}$, dann ist $\frac{\Delta \varepsilon}{\varepsilon} = \frac{2}{\sqrt{2}} \cdot \frac{\Delta x}{x}$

Dieser Fehler soll nach der Grundforderung an die Genauigkeit der Ozonsonde 10 % nicht überschreiten. Demnach ist der höchste zulässige Fehler für x

$$\frac{\Delta x}{x} = \pm 7,07 \% \qquad (3)$$

Die logarithmische Differentiation der Gleichung (2a) liefert

$$\frac{dx}{x} = - \frac{0,4343}{\alpha \cdot \sec \zeta \cdot x} \cdot \frac{dE}{E}, \qquad (4)$$

so daß die relativen Fehler von x und E verknüpft werden durch

$$\frac{\Delta x}{x} = \frac{0{,}4343}{\alpha \cdot \sec \zeta \cdot x} \cdot \frac{\Delta E}{E} \qquad (5)$$

Rechnet man mit einer Sonnenhöhe von ß = 30° (ζ = 60°) und einem mittleren Ozonbetrag x = 0,25 cm O_3 bei

λ = 6010 AE, so wird $\frac{\Delta x}{x} = \frac{0{,}4343}{0{,}068 \cdot 2 \cdot 0{,}25} \frac{\Delta E}{E}$

Nach der Abschätzung (3) ergibt sich dann

$$\frac{\Delta E}{E} = \pm\, 0{,}55\,\% = \pm\, 5{,}5\,\permil \qquad (6)$$

Wenn es also gelingt, mit der optischen Ozonsonde alle 500 Meter Höhendifferenz 4 Meßwerte der Sonnenlichtintensität mit einer Genauigkeit von etwa $\pm$ 5 ‰ zu erhalten, so läßt sich die mittlere Ozonkonzentration ε in jedem dieser Intervalle mit $\pm$ 10 % Fehler berechnen. Bei kleineren Sonnenhöhen wird die Genauigkeit durch die stärkere Absorption größer, jedoch kommen bei zu niedrigen Sonnenständen andere Fehler hinzu. Eine genaue Durchrechnung soll aber den Fehlerbetrachtungen in Abschnitt 9 vorbehalten bleiben, hier ging es darum, zu zeigen, daß die Konstruktion einer optischen Ozonsonde, welche die Absorption im sichtbaren Spektralbereich ausnutzt, sinnvoll ist, falls es gelingt, die Lichtintensität auf etwa 0,5 % genau zu messen.

3) Aufbau und Wirkungsweise der neuen optischen Ozonradiosonde

Die Gleichung (2) enthält außer der ungenau bekannten Konstanten $E_o(\lambda)$ die variablen Größen p, x und sec ζ, die sich während des Aufstieges ändern. Der Druck p muß von der Ozonsonde gemessen werden - er ist ja in der Regel die einzige Information über die jeweilige Höhe des Gerätes, die Zenitdistanz ζ ist mit Hilfe der sphärischen Trigonometrie zu berechnen. Man könnte somit prinzipiell aus der Änderung von log $E(\lambda, p, \zeta, x)$ während des Aufstieges den jeweiligen Ozonwert x bestimmen. Diese Absolutmessung ist aber aus verschiedenen Gründen unzweckmäßig, denn erstens müßte die fotoelektrische Meßanordnung zur Bestimmung von $E(\lambda, p, \zeta, x)$ in dem weiten Temperaturbereich von + 20° C bis - 65° C, welcher beim Aufstieg durch die Atmosphäre überstrichen wird, vollständig temperaturstabilisiert sein. Dies ist aber bei der im Abschnitt 2 geforderten Meßgenauigkeit von ca. 0,5 % wenig aussichtsreich.

Zweitens ändert sich im Laufe des Aufstieges die Sonnenhöhe und damit der Einfallswinkel des Sonnenlichts auf die optische Meßanordnung. Bei der geforderten hohen Meßgenauigkeit wäre die unvermeidliche Anisotropie gegenüber Einfallswinkeländerungen aber außerordentlich störend.

Es empfiehlt sich daher, ein relatives Meßverfahren anzuwenden, wie es auch bei der optischen UV-Sonde benutzt wird. Statt die Sonnenlichtintensität nur in einem Spektralbereich zu messen, wird das Verhältnis der Intensitäten zweier Spektralbereiche verschieden starker Ozonabsorption gebildet. Dieser Quotient wird dann durch den Temperaturgang sowie die räumlichen Anisotropien viel weniger verfälscht als jede der beiden Lichtintensitäten für sich allein.

3.

Die Frage der günstigsten Filterwahl zur Elimination der gewünschten Spektralbereiche des Sonnenlichtes ist für das sichtbare Wellenlängengebiet leicht beantwortet. Die Filter sollen einen möglichst schmalen Durchlaßbereich besitzen, damit der Idealfall einer einzigen Spektrallinie annähernd verwirklicht ist. Diesem Idealfall kommen Interferenzlinienfilter am nächsten, welche für verschiedene Wellenlängen in diesem Bereich mit Halbwertsbreiten zwischen 100 ÅE und 150 ÅE preiswert im Handel sind (Abb. 4).

Als fotoelektrische Strahlungsempfänger kommen wegen der geforderten Genauigkeit nur Fotozellen oder Fotoelektronenvervielfacher in Betracht. Halbleiterfotoelemente sind wegen des starken Temperaturganges ihrer Empfindlichkeit ungeeignet.

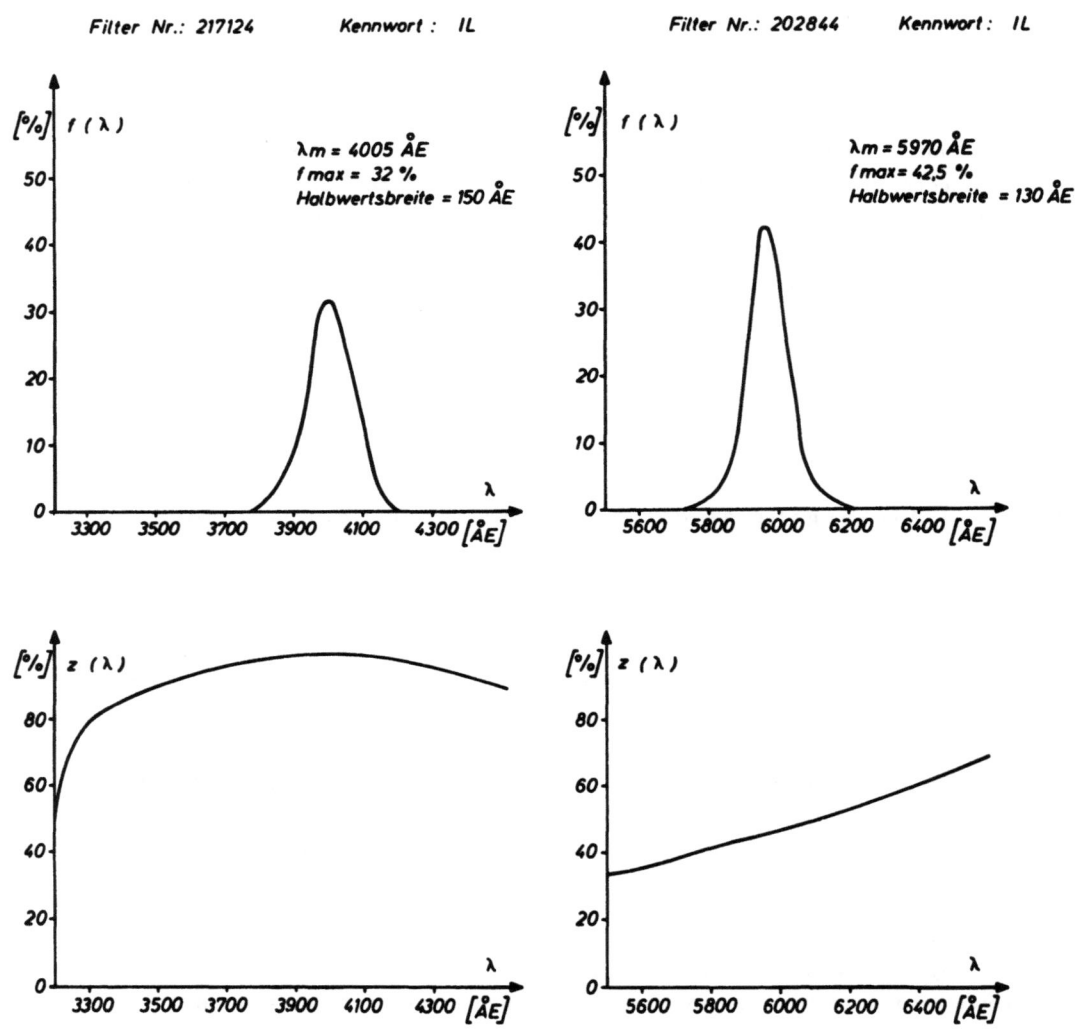

Abb. 4: Spektrale Transmission $f(\lambda)$ der Interferenzfilter und relative Empfindlichkeit der Fotozellen $z(\lambda)$.

Bei der Wellenlänge $\lambda = 6000$ ÅE beträgt die spektrale Energie des Sonnenlichtes außerhalb der Erdatmosphäre

$$E_o(6000 \text{ ÅE}) \approx 18 \; \frac{\mu \text{Watt}}{\text{cm}^2 \text{ÅE}}$$

Die Halbwertsbreite der Interferenzfilter für 6000 ÅE beträgt nach Abb. 4 etwa 130 ÅE bei einer maximalen Transmission von 40%. Nimmt man an, daß beim Durchlaufen der Atmosphäre mit Ozonschicht maximal etwa 50% von E_o gestreut und absorbiert werden (Abb. 3), so fällt auf eine Fotozelle mit wirksamer Kathodenfläche von 2 cm^2 am Erdboden die ausgefilterte Energie

$$E = 2 \cdot 0,50 \cdot 0,40 \cdot 130 \cdot 18 \; \mu \text{Watt} = 940 \; \mu \text{Watt}.$$

Diese einfallende Energie ist so groß, daß zu ihrer fotoelektrischen Messung eine Hochvakuumfotozelle genügt, welche gegenüber einer gasgefüllten Zelle den Vorteil besitzt, daß der gemessene Fotostrom im Sättigungsbereich nur unwesentlich von der angelegten Saugspannung abhängt. Die Industrie liefert serienmäßig Fotozellen des A-Typs (Caesium-Antimon-Kathode) mit dem Maximum der Empfindlichkeit bei 4000 ÅE und Zellen des C-Typs (Caesium auf oxydiertem Silber), welche bei etwa 8000 ÅE die größte spektrale Empfindlichkeit besitzen (Abb. 5).

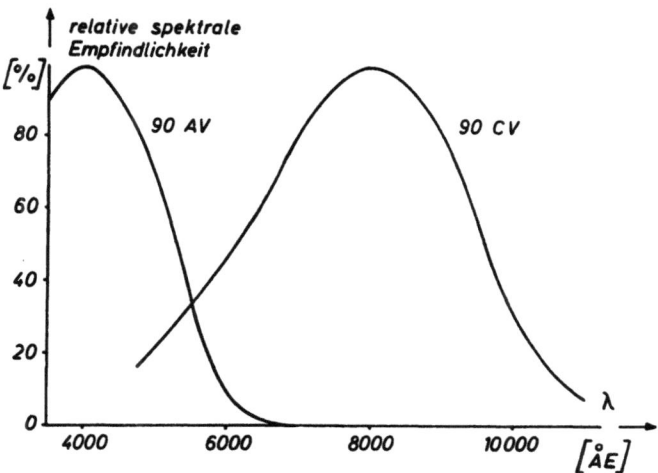

Abb. 5: Relative spektrale Empfindlichkeit der benutzten Hochvakuumfotozellen (bezogen auf energiegleiches Spektrum).

Für die Messung bei 6000 ÅE kommt am zweckmäßigsten eine Fotozelle des C-Typs in Betracht, die in diesem Bereich noch eine relative Empfindlichkeit von ca. 45% aufweist (Abb. 5). Die mittlere Empfindlichkeit einer Hochvakuumfotozelle beträgt im Empfindlichkeitsmaximum etwa $5 \cdot 10^{-3} \; \frac{\mu A}{\mu \text{Watt}}$, so daß die oben abgeschätzte einfallende Sonnenenergie bei 6000 ÅE den Fotostrom

$$J = 0,45 \cdot 5 \cdot 10^{-3} \cdot 940 \; \mu A \approx 2 \; \mu A$$

erzeugen würde.

Die Auswahl der günstigsten Wellenlängenbereiche muß so getroffen werden, daß sich die Ozonabsorptionskoeffizienten in beiden Bereichen möglichst stark voneinander unterscheiden. Es wurde daher der eine Bereich im Maximum der Chappuisbanden, also bei etwa 6010 ÅE, der andere im Gebiet vernachlässigbar kleiner Absorptionen bei etwa 4000 ÅE gewählt. Der zweite mögliche Bereich minimaler Absorption um etwa 8000 ÅE wurde nicht benutzt, da es hierfür im Gegensatz zu 4000 ÅE keine serienmäßig gefertigten Interferenzfilter gibt. Der dekadische Absorptionskoeffizient ist bei 4000 ÅE kleiner als 0,0002 cm^{-1} und kann gegen 0,0680 cm^{-1} bei $\lambda = 6010$ ÅE vernachlässigt werden.

Für die beiden Spektralbereiche um 6000 ÅE, im folgenden kurz Bereich I (gelbes Licht) genannt, und um 4000 ÅE, als Bereich II (blaues Licht) bezeichnet, lassen sich die in den beiden Fotozellen erzeugten Fotoströme schreiben als

3.

$$J_1 = \int_{\text{Bereich I}} d\lambda \cdot c_1 \cdot z_1(\lambda) \cdot f_1(\lambda) \cdot E_o(\lambda) \cdot 10^{-[a_R(\lambda) \cdot p/p_o + \alpha(\lambda) \cdot x] \cdot \sec\zeta} \qquad (7)$$

und

$$J_2 = \int_{\text{Bereich II}} d\lambda \cdot c_2 \cdot z_2(\lambda) \cdot f_2(\lambda) \cdot E_o(\lambda) \cdot 10^{-[a_R(\lambda) \cdot p/p_o] \cdot \sec\zeta} \qquad (8)$$

Hierin bezeichnen $f_1(\lambda)$ und $f_2(\lambda)$ die spektrale Transmission der jeweils verwendeten Interferenzfilter (Abb. 4), $z_1(\lambda)$ und $z_2(\lambda)$ die relative spektrale Empfindlichkeit der benutzten Fotozellen. Die Konstanten c_1 und c_2 tragen dem Geometriefaktor der optischen Anordnung und der absoluten Empfindlichkeit der Fotozellen Rechnung.

Im sichtbaren Spektralbereich sind aber - im Gegensatz zum Ultravioletten, wo die Integrale für jede Höhe numerisch berechnet werden müssen - sehr vereinfachende Umformungen erlaubt. Anstelle der Gleichungen (7) und (8) kann hier geschrieben werden

$$J_1 = 10^{-[a_R(\lambda_1) \cdot p/p_o + \alpha(\lambda_1) \cdot x] \cdot \sec\zeta} \cdot \int_{\text{Bereich I}} c_1 \cdot z_1(\lambda) \cdot f_1(\lambda) \cdot E_o(\lambda) d\lambda =$$

$$= c_3 \cdot 10^{-[a_R(\lambda_1) p/p_o + \alpha(\lambda_1) \cdot x] \cdot \sec\zeta} \qquad (9)$$

und

$$J_2 = 10^{-[a_R(\lambda_2) \cdot p/p_o] \cdot \sec\zeta} \cdot \int_{\text{Bereich II}} c_2 \cdot z_2(\lambda) \cdot f_2(\lambda) \cdot E_o(\lambda) d\lambda =$$

$$= c_4 \cdot 10^{-[a_R(\lambda_2) \cdot p/p_o] \cdot \sec\zeta} \qquad (10)$$

λ_1 bzw. λ_2 ist die (für jedes Filter konstante) Wellenlänge maximaler Transmission.

Damit wird dann

$$\frac{J_1}{J_2} = \frac{c_3}{c_4} \cdot 10^{\{[a_R(\lambda_1) - a_R(\lambda_2)] p/p_o + \alpha(\lambda_1) \cdot x\} \cdot \sec\zeta} \qquad (11)$$

oder mit $\log \frac{c_3}{c_4} = c_5$

$$\log \frac{J_1}{J_2} = c_5 + \sec\zeta \{[a_R(\lambda_2) - a_R(\lambda_1)] p/p_o - \alpha(\lambda_1) \cdot x\} \qquad (12)$$

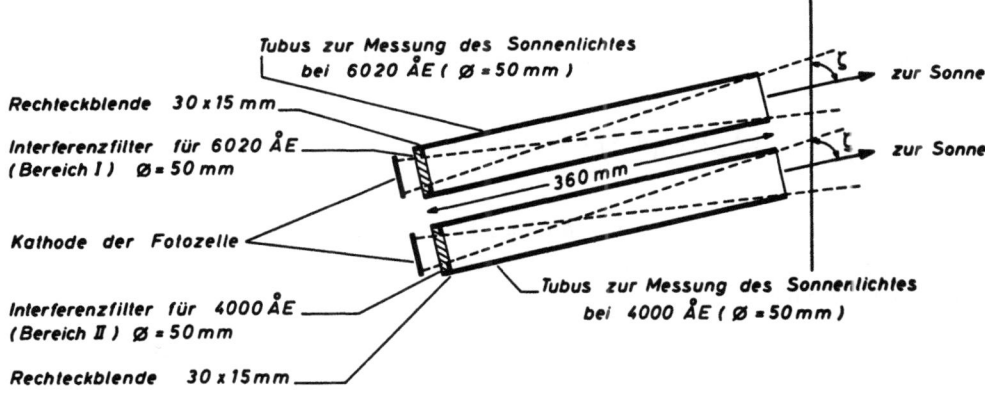

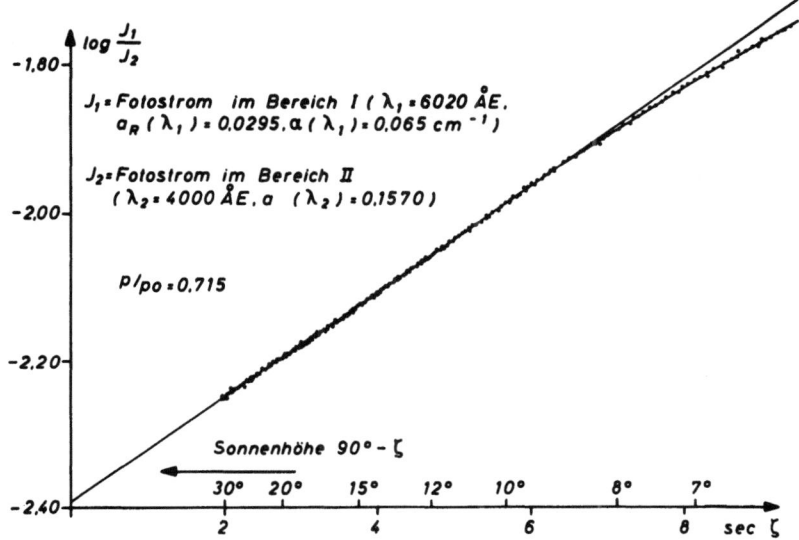

Abb. 6: Experimentelle Prüfung des vereinfachten atmosphärischen Extinktionsgesetzes
$\log (J_1/J_2) = $ const. $+ \sec \zeta \{[a_R(\lambda_2) - a_R(\lambda_1)] p/p_0 - \alpha(\lambda_1) \cdot x\}$
Oben: Schema der Meßanordnung, unten: das Meßergebnis.

Trotz der endlichen Filterbreite kann man im sichtbaren Wellenlängenbereich wie mit einer einzigen Spektrallinie rechnen.

Die Gültigkeit dieser außerordentlich vereinfachenden Umformumg wurde experimentell geprüft. Mit dem in Abb. 6 maßstabsgetreu skizzierten Gerät wurde auf der Zugspitze $\log J_1/J_2$ für direktes Sonnenlicht (bei völlig klarem Himmel) als Funktion von $\sec \zeta$ gemessen. Die Messungen wurden bei Sonnenaufgang durchgeführt, als die Obergrenze des atmosphärischen Dunstes weit unterhalb der Meßhöhe von etwa 3000 m lag. Durch die geometrische Anordnung wurde das störende diffuse Himmelsstreulicht soweit abgeschirmt, daß sein Anteil, verglichen mit dem direkt einfallenden Sonnenlicht, weniger als 1 ‰ betrug. Mit einer Mikrometerschraube wurden die miteinander starr verbundenen Meßrohre ständig präzise auf die Sonne ausgerichtet.

Das Meßergebnis (Abb. 6 unten) zeigt, daß der gemessene $\log J_1/J_2$ streng linear von $\sec \zeta$ abhängt, wie es Gleichung (12) vorschreibt. Abweichungen treten erst bei sehr großen Zenitdistanzen ζ

(sec ζ > 7) auf, die aber bei den Sondenmessungen nicht benutzt werden. Die Steigung der Geraden beträgt 0,072. Falls Gleichung (12) erfüllt ist, muß dieser Wert mit dem Ausdruck

$$\{[a_R(\lambda_2) - a_R(\lambda_1)] \, p/p_o - \alpha(\lambda_1) \cdot x\} \qquad \text{übereinstimmen.}$$

Setzt man die Werte für a_R, p/p_o und α (Abb. 6) ein, ergibt sich ein Ozonbetrag von $x = 0,315$ cm O_3. In Arosa wurde am gleichen Tage mit einem Dobsongerät der Gesamtozonbetrag $x_o = 0,316$ cm O_3 gemessen [DÜTSCH 1965 b].

Eine weitere Bestätigung der Gültigkeit von Gleichung (12) liefern die Meßkurven aller durchgeführten Ozonsondenaufstiege; ein Beispiel ist in Abb.14 (S. 27) dargestellt.

Das Meßprinzip der neuen Ozonsonde:

Während des Aufstieges des Gerätes wird fortlaufend die Intensität des direkten Sonnenlichtes in den Spektralbereichen I und II gemessen. Nimmt man zur Veranschaulichung einmal an, das atmosphärische Ozon sei nicht vorhanden, so würde der Absorptionsterm in Gleichung (12) fortfallen. Der Logarithmus des Verhältnisses der Fotoströme hätte dann die Gestalt

$$\left\{ \log \frac{J_1}{J_2} \right\}^* = C_5 + \sec\zeta \cdot p \, \frac{[a_R(\lambda_2) - a_R(\lambda_1)]}{p_o} \qquad (13)$$

und ergäbe, als Funktion von $p' = p \cdot \sec\zeta$ aufgetragen, eine Gerade mit der Steigung

$$\frac{[a_R(\lambda_2) - a_R(\lambda_1)]}{p_o} \, ,$$

welche durch die Differenz der konstanten Rayleighstreukoeffizienten für beide Spektralbereiche bestimmt ist.

Die tatsächlich gemessene Aufstiegskurve $\log J_1/J_2$ als Funktion von $p' = p \cdot \sec\zeta$ enthält zusätzlich das Absorptionsglied $\sec\zeta \cdot \alpha(\lambda_1) \cdot x$ (Gleichung 12). Für große Höhen, in denen der jeweils über der Sonde befindliche Ozonbetrag x immer kleiner wird, geht Gleichung (12) in (13) über. Hätte die Sonde bei der größten Höhe des Aufstieges, welche etwa 30 km betragen sollte, das gesamte atmosphärische Ozon durchflogen, könnte man mit dem in dieser Höhe gemessenen $\log J_1/J_2$ mit Hilfe von Gleichung (13) die Konstante c_5 und damit die theoretische ohne Ozon gültige Aufstiegsgerade (13) bestimmen. Die Abweichung der tatsächlich gemessenen Aufstiegskurve (12) von dieser theoretischen Geraden ist das Absorptionsglied $\sec\zeta \cdot \alpha(\lambda_1) \cdot x$, aus dem für jede Höhe der über der Sonde befindliche Ozonbetrag x und daraus durch Differentiation die Ozonkonzentration ε berechnet werden kann.

Tatsächlich ist aber das Ozon in Höhen über 30 km nicht ohne weiteres zu vernachlässigen; wie man aus Messungen weiß, beträgt der Anteil dieses hohen Ozons am Gesamtozon bis zu 10%. Man würde somit durch das eben beschriebene Verfahren einen Fehler dieser Größe zusätzlich in Kauf nehmen.

Man kann diesen Fehler aber weitgehend vermeiden, indem man die theoretische Gerade (13) an die gemessene Aufstiegskurve (12) nicht oberhalb sondern unterhalb der Ozonschicht anpaßt, wo das Ozonprofil im allgemeinen viel steiler abfällt als in großen Höhen. Setzt man in Gleichung (12) für den Ozonbetrag x über der Sonde

$$x = x_0 - x', \qquad \text{wobei}$$

x_0 der Gesamtozonbetrag und

x' die Ozonmenge unter der Ozonsonde ist, erhält man

$$\log \frac{J_1}{J_2} = c_5 - \sec \zeta \cdot \alpha(\lambda_1) \cdot x_0 + \sec \zeta \cdot \left\{ [a_R(\lambda_2) - a_R(\lambda_1)] \, p/p_0 + \alpha(\lambda_1) \cdot x' \right\}$$

oder unter Zusammenziehung der Konstanten c_5 mit dem nur schwach veränderlichen Glied $\sec \zeta \cdot \alpha(\lambda_1) \cdot x_0$

$$\log \frac{J_1}{J_2} = c_6 + \left\{ [a_R(\lambda_2) - a_R(\lambda_1)] \, p/p_0 + \alpha(\lambda_1) \cdot x' \right\} \cdot \sec \zeta \tag{14}$$

Dieses Gesetz, das durch sämtliche durchgeführten Aufstiege mit dem neuen Gerät verifiziert wurde besagt:

Solange sich die Ozonsonde unterhalb der Ozonschicht befindet, besteht, wie z. B. in Abb. 14 veranschaulicht ist, zwischen dem $\log J_1/J_2$ und dem "korrigierten Druck" $p' = p \cdot \sec \zeta$ ein linearer Zusammenhang. Bei Höhen unterhalb von etwa 10 km bestand bei allen durchgeführten Aufstiegen gute Übereinstimmung zwischen der Steigung dieser Geraden und dem theoretischen Wert

$$\frac{[a_R(\lambda_2) - a_R(\lambda_1)]}{p_0} \qquad (\text{Gleichung (14)})$$

Fliegt nun die Ozonsonde durch die eigentliche Ozonschicht hindurch, so weichen die gemessenen Werte $\log J_1/J_2$ von dieser Geraden ab (Abb. 14); die jeweilige Abweichung ist gerade das Glied $\alpha(\lambda_1) \cdot x' \cdot \sec \zeta$, wobei x' jetzt die unterhalb der Sonde befindliche Ozonmenge ist. Durch Differentiation dieser x'-Werte nach der Höhe erhält man dann das gewünschte Konzentrationsprofil $\varepsilon(h)$.

4) Der technische Aufbau der Ozonsonde

a) Der optische Teil

der Ozonsonde ist in Abb. 7 maßstabsgetreu dargestellt. Das direkte Sonnenlicht fällt aus Sonnenhöhen von höchstens $30°$ auf den Diffuser, hier eine kreisrunde Mattscheibe von 50 mm Durchmesser. Aus dem hierbei diffus nach unten gestreuten Lichtbündel wird der Spektralbereich I (um 6000 ÅE) und der Bereich II (um 4000 ÅE) mit Interferenzlinienfiltern von 18 mm nutzbarem Durchmesser ausgeblendet und mit den darunter befindlichen Hochvakuumfotozellen gemessen. Die verwendeten Fotozellen sind die Valvotypen 90 CV (für Bereich I) und 90 AV (für Bereich II). Die Anordnung wurde so gewählt, daß der maximale Öffnungswinkel der auf die Interferenzfilter fallenden Lichtbündel nicht größer als $20°$ ist, damit die vom Hersteller (Fa. Schott u. Gen.) angegebenen Transmissionskurven gültig sind. Dadurch geht ein großer Teil der einfallenden Lichtenergie verloren; der in Abschnitt 3 abgeschätzte zu erwartende Fotostrom wird entsprechend kleiner und beträgt etwa 0,03 µA für Bereich I und 0,3 µA für Bereich II. Dies ist weit mehr, als für die nachstehend beschriebene Meßschaltung benötigt wird.

Besonderes Augenmerk mußte auf das diffuse Himmelsstreulicht gerichtet werden, das bis in Höhen von etwa 15 km wirksam ist und die Messung verfälscht. Es wurde daher über der Mattscheibe eine undurchsichtige Aluminiumkreisscheibe so angebracht, daß alles Streulicht aus Zenitdistanzen zwischen $0°$ und $60°$ abgeschirmt wird. Dieses direkt von oben einfallende diffuse Licht hat wegen der Mattscheiben-

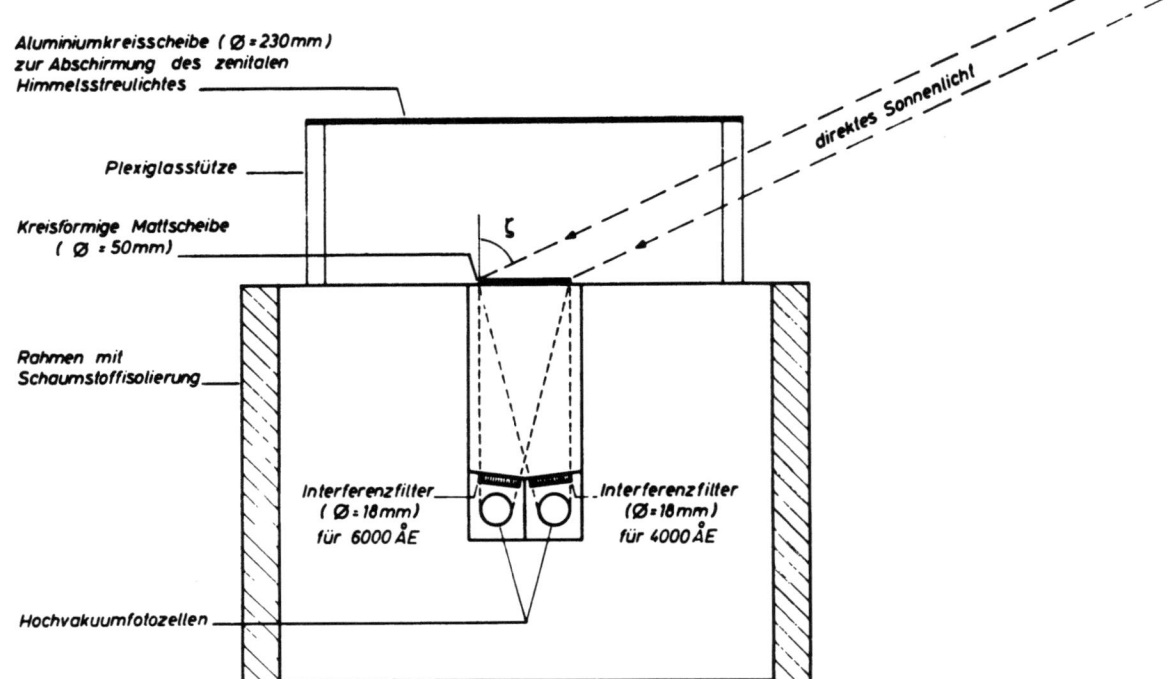

Abb. 7: Schnitt durch die Optik der Ozonsonde.

charakteristik den größten Einfluß. Das Streulicht, das aus größeren Zenitdistanzen einfällt, ist in Höhen oberhalb 5 km gegenüber dem direkten Sonnenlicht zu vernachlässigen. Wie Abb. 14 zeigt, gilt bei Verwendung der beschriebenen Streulichtblende oberhalb von 5 km Höhe streng das in Gleichung (12) formulierte atmosphärische Extinktionsgesetz, was besagt, daß oberhalb dieser Höhe, wie gefordert, nur noch das direkte Sonnenlicht gemessen wird. Ganz ähnlich liegen die Verhältnisse bei allen anderen durchgeführten Sondenaufstiegen. Durch die Anbringung dieser Streulichtblende erübrigt sich somit für Höhen oberhalb 5 km jede Streulichtkorrektur.

Eine geringe Komplizierung ergibt sich durch die Verwendung einer ebenen Mattscheibe als Diffuser. Die Intensität des nach unten zu den Fotozellen gestreuten Lichtes hängt vom Einfallswinkel auf die Mattscheibe ab, der sich während der Aufstiegsdauer je nach Jahreszeit mehr oder weniger stark ändert. Da diese "Mattscheibencharakteristik" auch von der Wellenlänge abhängt, hebt sie sich im Intensitätsverhältnis zweier Wellenlängenbereiche nicht völlig heraus. Die Korrektur, welche daher in Gleichung (12) anzubringen ist, läßt sich formulieren als

$$\left(\log \frac{J_1}{J_2} \right)_{wahr} = \left(\log \frac{J_1}{J_2} \right)_{gemessen} + \Delta(\lambda_1, \lambda_2, \zeta), \tag{15}$$

wobei $\left(\log \frac{J_1}{J_2} \right)_{wahr}$ der Gleichung (12) genügt.

Zur experimentellen Bestimmung der Korrekturfunktion $\Delta(\lambda_1, \lambda_2, \zeta)$ wurde ein besonderer Ozonsondenaufstieg durchgeführt. Die Startzeit war bei untergehender Sonne so gewählt, daß die Sonde, welche von zwei Gummiballonen in die Höhe getragen wurde, gerade bei der Sonnenhöhe von 30° den Druck

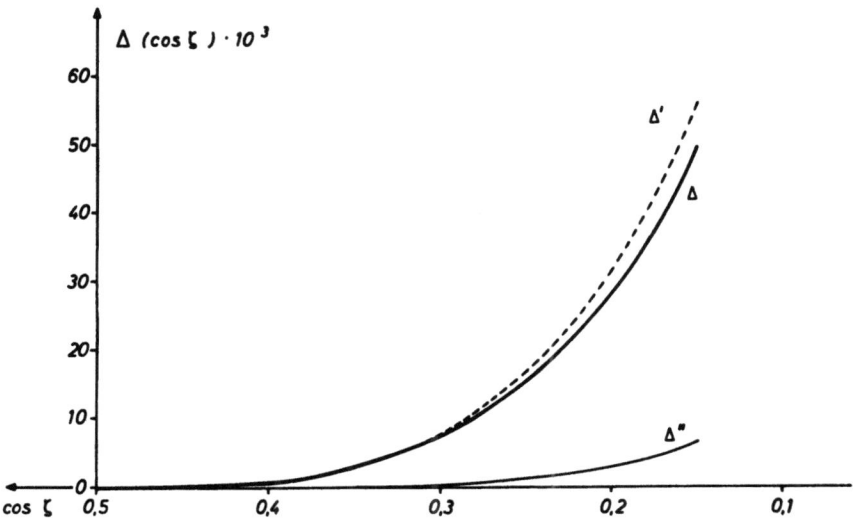

Abb. 8: Korrekturkurve Δ für die Mattscheibe bei kleinen Einfallswinkeln ß (ζ = 90° - ß)

p = 10 mb erreichen mußte. In diesem Moment wurde, durch einen auf 10 mb geeichten Abschußkontakt betätigt, der Faden des einen Ballons durchgebrannt. Der freie Auftrieb des anderen Ballons war genau so groß wie das Gewicht der Sonde, so daß diese bei dem konstanten Druck von 10 mb schweben konnte. Während dieses Schwebefluges nahm die Sonnenhöhe ständig ab, und es wurde $\log J_1/J_2$ als Funktion von $\cos \zeta$ gemessen. In Abb. 8 ist $\Delta'(\cos \zeta) = -\log J_1/J_2$ aufgetragen, wobei der Wert für 30° Sonnenhöhe ($\zeta = 60°$, $\cos \zeta = 0,5$) als Ordinatennullpunkt gewählt wurde. Diese Funktion $\Delta'(\cos \zeta)$ enthält außer der gesuchten Mattscheibenkorrekturfunktion $\Delta(\cos \zeta)$ auch einen wahren Extinktionsanteil $\Delta''(\cos \zeta)$, der Gleichung (12) gehorcht und von dem oberhalb 10 mb befindlichen Ozon sowie dem Druckverhältnis $p/p_0 = 10/1000$ abhängt. Nimmt man an, daß oberhalb der 10 mb-Druckfläche noch insgesamt $x = 0,05$ cm O_3 vorhanden ist, so berechnet sich gemäß Gleichung (12) die in Abb. 8 eingezeichnete Kurve $\Delta''(\cos \zeta)$. Die gesuchte Mattscheibenkorrekturfunktion ergibt sich dann als Differenz $\Delta = \Delta' - \Delta''$, wobei der Nullpunkt auf die Sonnenhöhe von 30° bezogen ist. In Abschnitt 7 wird gezeigt, daß durch günstige Wahl der Aufstiegszeiten diese an sich kleine Korrektur Δ weitgehend vermieden werden kann.

Die geometrische Anordnung der Filter und Fotozellen ist bezüglich Rotationen um eine senkrechte Achse nicht symmetrisch. Daher ist bei zufälligen Drehungen des Gerätes, welche sich beim Aufstieg nicht vermeiden lassen, mit unkontrollierbaren Schwankungen des gemessenen Intensitätsverhältnisses zu rechnen. Es wurde daher an der Ozonsonde eine Luftschraube befestigt (zu erkennen in Abb. 9), welche, getrieben durch die senkrechte relative Luftströmung beim Aufstieg, das Gerät zu definierten Rotationen zwingt.

Diese Luftschraube wurde so dimensioniert, daß die Sonde während der gesamten Aufstiegsdauer zwischen 3 und 4 Umdrehungen/min ausführt. Dadurch wird ständig über sämtliche Einfallsrichtungen gemittelt und die Asymmetrie ausgeschaltet. Ein leichtgängiger Drehwirbel verhindert die Verdrillung des Tragseils.

Ein weiterer Vorteil dieser erzwungenen Rotationen liegt darin, daß sich der sonst störende Einfluß der Aufhängefäden der Sonde sowie der Plexiglasstützen für die Streulichtblende herausmittelt.

Abb. 9: Gesamtansicht der Ozonsonde mit Streulichtblende und Luftschraube. Das abgebildete Gerät, bei dem aus Demonstrationsgründen die Umhüllung teilweise entfernt wurde, steht aus Rücksicht auf die Luftschraube auf einem nicht zur Sonde gehörenden Plexiglasfuß. Das aufgeschnittene Gehäuse läßt die wichtigsten Teile erkennen, an der rechten Seite die Leitdruckdose, zwischen den beiden senkrechten Streben den Drehkondensator des Senders, einen Teil des Optikgehäuses mit der Mattscheibe sowie links vorn die Elektronik, die auf drei Steckkontaktplatten als gedruckte Schaltung aufgebaut ist. Die linke Platte trägt die 4 NF-Oszillatoren, die mittlere Untersetzer- und Schaltstufen, auf der rechten Platte sind Vorstufen und Temperaturgeber untergebracht. Der Antennendraht ist unten durch den Plexiglasfuß hindurchgeführt.

b) Der elektronische Teil   (Sämtliche Schaltbilder sind in Anhang 1 zusammengestellt).

Die einfachste und zugleich genaueste Möglichkeit, die von den Fotozellen gemessenen Fotoströme J_1 und J_2 in eine modulierbare Information für den Sondensender umzuwandeln, bestand darin, daß ohne jede Vorverstärkung direkt eine Impulsschaltung angewandt wurde. Die Fotoströme steuern, wie aus den Schaltbildern im Anhang ersichtlich ist, geeignet dimensionierte Glimmlampenkippkreise. Die Information "Fotostromstärke" geht dabei über in den "zeitlichen Impulsabstand T" beide sind durch die Beziehung

$$T = a \cdot J^{-1} \qquad \text{miteinander verknüpft.}$$

Es war zu prüfen, wie genau diese einfache lineare Beziehung für die Ozonsonde erfüllt ist.

Die negativen Entladungsimpulse der Glimmkippkreise (Impulshöhe 8 Volt, Anstiegszeit 50 μ sec) werden in der anschließenden Impulsformstufe in positive Impulse von 6 Volt Höhe mit einer Anstiegszeit

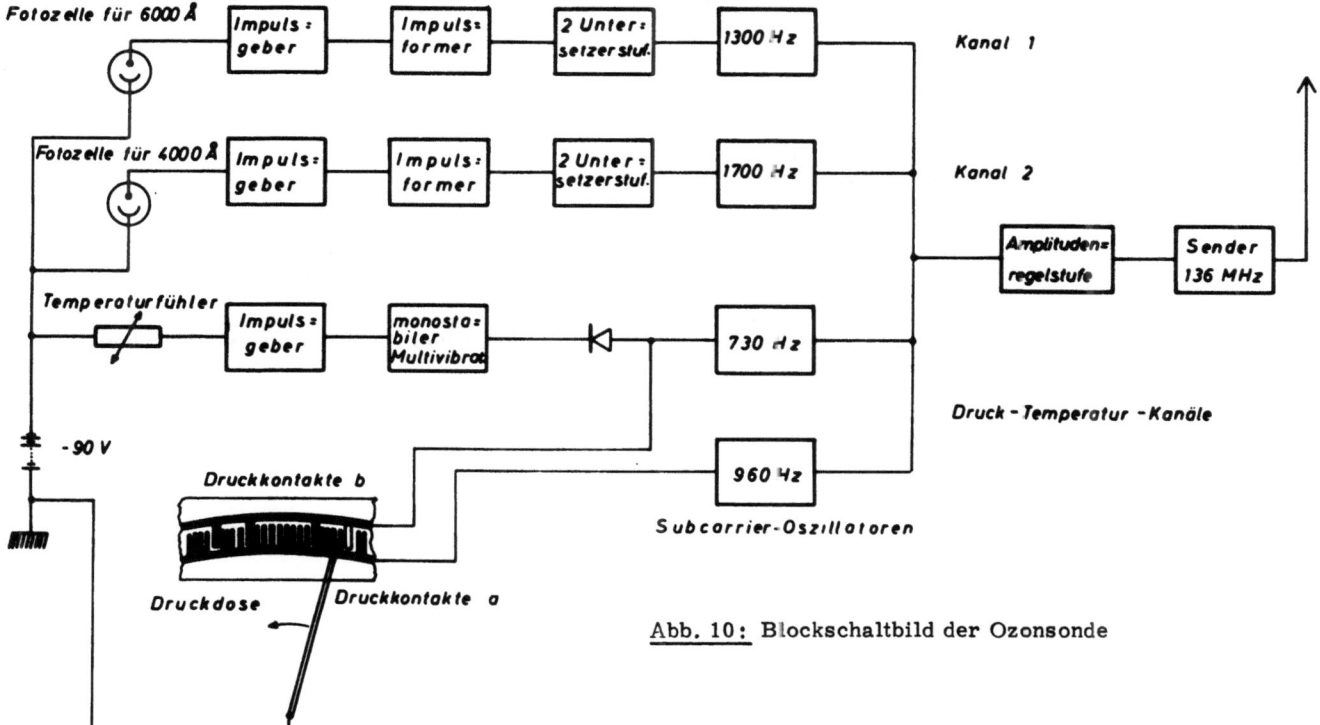

Abb. 10: Blockschaltbild der Ozonsonde

von 15 μsec umgewandelt, welche einen elektronischen Schalter, hier einen zweistufigen bistabilen Multivibrator (vierfacher Untersetzer) steuern (Abb. 10).

Durch diesen elektronischen Schalter wird, je nach seiner Ausgangsspannung, ein Tonfrequenzgenerator (Unterträgeroszillator) eingeschaltet (bei Ausgangsspannung ungefähr 0 Volt) oder ausgeschaltet (bei Ausgangsspannung ungefähr 6 Volt). Zur Entkoppelung wurde zwischen Untersetzerausgang und Oszillatoreingang noch ein Emitterfolger geschaltet. Die benutzten Unterträgerfrequenzen sind 1300 Hz für Kanal 1 (6000 ÅE) und 1700 Hz für Kanal 2 (4000 ÅE). Zwei weitere Oszillatoren mit 730 Hz und 960 Hz dienen der Übertragung der Druck- und Temperaturwerte (Abschnitte c und d).

Sowohl Untersetzer wie auch Tonfrequenzgeneratoren sind - mit geringfügigen Änderungen - die gleichen, wie sie auch in anderen Ballonsonden des Max-Planck-Institutes für Stratosphärenphysik verwendet werden. Sie finden sich z.B. bei WAIBEL [1963] beschrieben.

Die Subcarrierfrequenzen werden über eine Amplitudenregelstufe dem UKW-Sender zugeführt, der über eine geeignet vorgespannte Kapazitätsdiode frequenzmoduliert wird. Der Sender ist ein einfacher einstufiger Oszillator, der speziell für Ballonsonden (z.B. SPARMO-Sonden zur Messung der kosmischen Strahlung) im Institut für Stratosphärenphysik vielfach verwendet wird. Seine Ausgangsleistung beträgt etwa 80 Milliwatt, was für Ballonflüge von mehreren Stunden Dauer eine ausreichende Empfangsfeldstärke gewährleistet. Als $\lambda/2$-Antenne dient ein versilberter Kupferdraht von 2 mm Durchmesser, der unten aus der Sonde herausgeführt ist (Abb. 9).

Der Fehler, der bei der Übertragung der gemessenen Fotoströme entsteht, hängt offenbar nur von der Glimmlampen-Kippstufe ab. Dieser mußte daher besondere Sorgfalt gewidmet werden.

Der Ladekondensator der Kapazität C wird durch den Fotostrom J, welcher von der Fotozelle mit der Vorspannung U_o erzeugt wird, solange aufgeladen, bis seine Spannung die Zündspannung U_z der Glimmlampe erreicht hat. Alsdann entlädt er sich über den Teilerwiderstand von 1,5 kΩ bis zur Löschspannung U_L, der Entladestrom reißt ab, die Aufladung beginnt von neuem, usw.

Die Zeitdauer für die Aufladung des Kondensators von U_L bis U_z ist

$$T' = \frac{C \cdot U_o}{J} \ln \frac{U_o - U_L}{U_o - U_z} ,$$

die Zeitdauer der Entladung von U_z bis U_L ist

$$T'' = R \cdot C \cdot \ln \frac{U_z}{U_L} ,$$

wobei R der Gesamtwiderstand der Entladungsstrecke ist. Die Zeitdauer T zwischen zwei Impulsen des Kippkreises ist dann $T = T' + T''$.

Setzt man die Werte für die Ozonsonde ein (U_o = 90 Volt, $U_z \approx$ 70 V, $U_L \approx$ 50 V, J_{max} = 0,3 µA, R $\approx$ 1000 kΩ, C = 1600 pF), so ergibt sich $T'' \approx 10^{-4}$ T', so daß hier gilt:

$$T = T' = \frac{C \cdot U_o}{J} \ln \frac{U_o - U_L}{U_o - U_z} \tag{16}$$

Die Genauigkeit, innerhalb derer Gleichung (16) gültig ist, hängt ab von der Qualität der benutzten Ladekondensatoren und Glimmlampen (Der vorgeschaltete 100 kΩ -Widerstand dient nicht zur Ladestrombegrenzung, sondern als Schutzwiderstand). Die verwendeten Glimmlampen sind von der eigens für präzise Stabilisationszwecke entwickelten Type KRG 70 (Hersteller: Elektroröhrengesellschaft Göttingen). Sie zeichnen sich, auch gegenüber großen Temperaturunterschieden, durch nahezu völlige Konstanz ihrer Zünd- und Löschspannung aus. (Es muß peinlich genau darauf geachtet werden, daß die Glimmlampen zur Vermeidung von Fotoeffekten mit einer undurchsichtigen Lackschicht überzogen sind). Eingehende Laborversuche haben gezeigt, daß für das bei Sondenaufstiegen interessierende Temperaturintervall von + 10°C bis -30°C (im Innern der Sonde) die maximale Änderung von ln ($U_o - U_L/U_o - U_z$) etwa 1‰ beträgt. Da dieser schwache Temperaturgang in beiden Kanälen gleichsinnig auftritt, dürfte der maximale durch die Glimmlampen verursachte Fehler im Verhältnis der Fotoströme mit 1‰ richtig abgeschätzt sein. Der Temperaturgang der Ladekapazität C geht direkt als Fehler in die Gleichung (16) ein und muß daher so klein wie möglich gehalten werden. Die eine Möglichkeit, temperaturkompensierte Kondensatoren zu verwenden, welche aus Einzelkapazitäten mit positivem und negativem Temperaturkoeffizienten zusammengesetzt sind, setzt die genaue Messung der Einzelwerte voraus und ist daher für größere Stückzahlen zu aufwendig. Viel einfacher ist es, einen kleinen Temperaturkoeffizienten in Kauf zu nehmen, wenn nur gewährleistet ist, daß dieser für beide Kanäle gleich groß ist. Im Verhältnis der Fotoströme J_1 und J_2 hebt sich dann der Temperaturgang weitgehend auf.

Als sehr günstig bieten sich die gewählten Styroflexkondensatoren für erhöhte Anforderungen (Siemens) an, deren Temperaturkoeffizient, wie umfangreiche Laborversuche ergeben haben, $- 125 \cdot 10^{-6}/°C$ beträgt und innerhalb eines Kapazitätswertes nur unwesentlich differiert ($\pm 20 \cdot 10^{-6}/°C$). Beide Ladekondensatoren wurden gleich groß gewählt (1600 pF), damit gewährleistet ist, daß sich beide gleich schnell an Temperaturänderungen anpassen. Nimmt man an, daß sich die Temperaturkoeffizienten um den größtmöglichen Wert von $40 \cdot 10^{-6}/°C$ unterscheiden, so erhält man im Temperaturbereich von +10°C bis -30°C als größtmöglichen durch die Ladekapazität verursachten Fehler 1,6 ‰.

Zusammenfassend kann man sagen: Mit Hilfe der beschriebenen Schaltung werden die Fotoströme J_1 und J_2 in Impulse umgewandelt, deren zeitlicher Abstand T_1 und T_2 umgekehrt proportional zu J_1 bzw. J_2 ist. Der maximale Fehler, der hierdurch verursacht wird, beträgt 2,6 ‰.

Die Abweichung von der vorausgesetzten Linearität der Fotozellenkennlinie ist - nach eigenen Messungen und den Angaben der Herstellerfirma - in dem benutzten Meßbereich kleiner als 1‰ . Der zeitliche Abstand zweier Subcarriertöne in beiden optischen Kanälen, welcher $4\,T_1$ bzw. $4\,T_2$ beträgt, ist damit der Intensität des Sonnenlichtes des zugehörigen Spektralbereiches mit einem maximalen Fehler von 3,5‰ umgekehrt proportional.

c) Druckmessung

Zur Messung des Luftdruckes dient eine Leiterdruckdose (Blockschaltbild Abb. 10), deren geeichte, nach einem festen Code angeordnete a- und b-Kontakte jeweils einen Tonfrequenzgenerator von 730 Hz (Kontakte b) und einen solchen von 960 Hz (Kontakte a) schalten. Die Druckdosen zeigen eine schwache Hysterese, die aber durch mehrmaliges Abpumpen in einem Rezipienten vor der Eichung kleinzuhalten ist. (Bemerkungen zur Genauigkeit der Druckmessung enthält der Abschnitt 10).

d) Temperaturmessung

Um die Ozonsonde als meteorologische Sonde zu vervollständigen, wurde zusätzlich eine Temperaturmeßvorrichtung eingebaut.

Als Meßfühler dient ein Heißleiter, dessen veränderlicher Widerstand die Zeitkonstante eines weiteren Glimmlampenkippkreises variiert (Anhang 1). Die negativen Entladeimpulse dieses Kippkreises, deren zeitlicher Abstand je nach Temperatur zwischen 1 sec (+ 20°C) und 10 sec (- 60°C) beträgt, steuern den ersten Transistor eines monostabilen Multivibrators auf. Dadurch sinkt für 0,3 sec (Zeitkonstante des Multivibrators) die Kollektorspannung des zweiten Transistors auf den Restwert von etwa 0,1 Volt und schaltet so den Subcarrieroszillator der Frequenz 730 Hz für die gleiche Zeitdauer ein. Der zeitliche Abstand der Kippimpulse, also der zeitliche Abstand der 730 Hz-Töne, wird vor dem Start für die konstante Sondenbatteriespannung U_o als Funktion der Temperatur geeicht.

Aus Sparsamkeitsgründen wird für den Temperaturkanal der gleiche Tonfrequenzgenerator benutzt wie für die b-Kontakte der Druckdose. Man verliert hierdurch die Temperaturinformation lediglich in den kurzen Zeitintervallen, in denen die Druckkontakte b eingeschaltet sind. (Ein Registrierbeispiel zeigt die Abb. 11). Die zwischengeschaltete Diode dient dazu, das Nullpotential der Druckkontakte vom Ausgang des Temperaturgebers fernzuhalten.

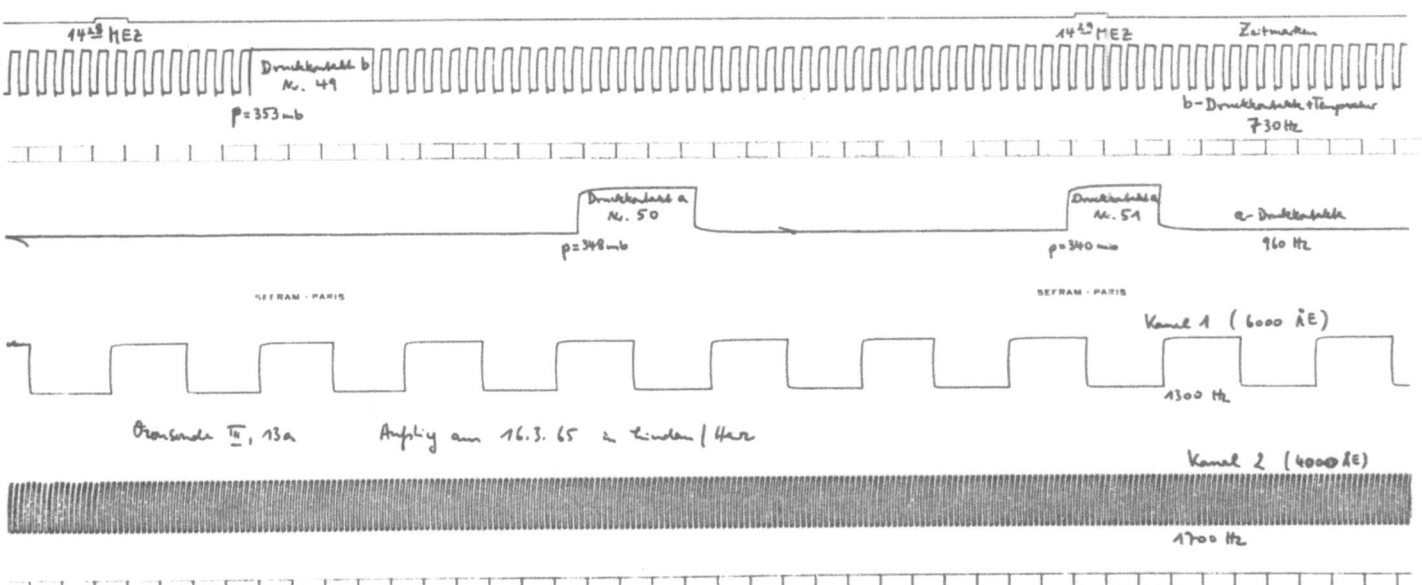

Abb. 11: Ausschnitt aus einer Registrierung des Mehrkanalschreibers (verkleinert). Der Papiervorschub betrug 5 mm/sec.

e) Erweiterungsmöglichkeit der Ozonsonde für die Messung zusätzlicher Größen.

Das für die Ozonsonde gewählte Telemetriesystem macht es möglich, ohne Schwierigkeit zusätzliche Meßgeräte einzubauen und deren Meßgrößen zu übertragen. Für diese empfiehlt sich die Hinzunahme weiterer Tonfrequenzgeneratoren.

5) Die Energieversorgung der Ozonsonde

Der Energiebedarf der Sonde setzt sich zusammen aus:

a) 90 Volt als Vorspannung für die Fotozellen und den Kippteil des Temperaturgebers; maximaler Strom 1,5 µA.

b) 6 Volt als Betriebsspannung der gesamten Niederfrequenzelektronik; der Stromverbrauch beläuft sich auf 20 mA.

c) 20 Volt für den Sender, der mit max. 20 mA Stromstärke betrieben wird.

Als Energiequellen werden verwendet:

a) Zwei kleine Pertrix-Anodenbatterien (Nr. 77, je 45 Volt);

b) und c)
3 große (RL 2) und 7 kleine Rulag-Trockenakkumulatoren (RL 4) in Serie. Die Betriebsspannung von 6 Volt wird von den 3 großen Rulags geliefert.
Die Kapazität der Batterien gewährleistet eine Betriebsdauer von mindestens 7 Stunden.

6) Die Eichung der Ozonsonde

Eine Eichung der Ozonsonde ist nicht erforderlich. Es wird lediglich eine Funktionsprüfung des elektronischen Teiles bis herab zu -40°C durchgeführt.

Geeicht werden müssen nur die Druckdose und der Temperaturgeber.

7) Ballontechnik

Die Ozonsonden werden mit Darex-Gummiballonen vom Typ J 11-28-2400 gestartet, welche mit Wasserstoffgas gefüllt sind. Die Ballone werden vor dem Start wenigstens 48 Stunden lang bei einer Temperatur von 70°C und nahezu 100% relativer Luftfeuchte gelagert. Sie erreichen dann in der Regel eine Höhe von wenigstens 30 km.

Je nach gewünschter Steiggeschwindigkeit ist der freie Auftrieb des Ballons zu bemessen. Der Zusammenhang beider Größen für die Ozonsonde mit Propeller (Gewicht: 2,1 kg) ist dargestellt in Abb. 12. Die Genauigkeit ist nicht allzu groß, da sich das Wasserstoffgas beim Füllen des Ballons stark abkühlt und anschließend wieder erwärmt. Je nach Füllgeschwindigkeit und anschließender Wartezeit erhält man für die gleiche Gasmenge unterschiedliche Werte des freien Auftriebs.

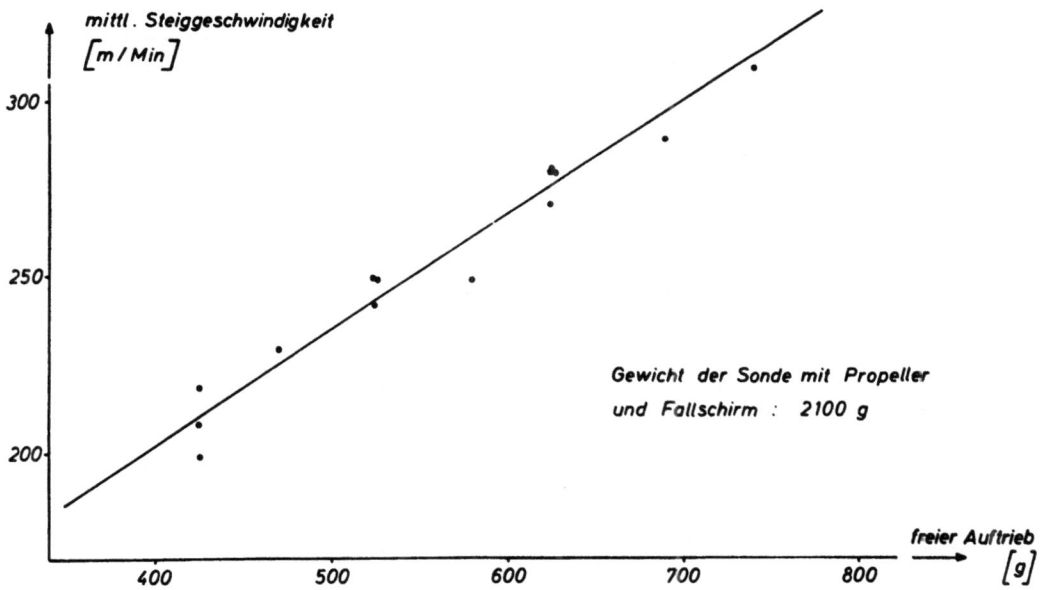

Abb. 12: Abhängigkeit der mittleren Steiggeschwindigkeit vom freien Auftrieb bei Verwendung von trockenen Gummiballonen.

Um die in Abschnitt 4a) beschriebene Mattscheibenkorrektur Δ möglichst klein zu halten, empfiehlt es sich, je nach Jahreszeit bestimmte Aufstiegszeiten einzuhalten. In der Jahreszeit, in der die maximale Sonnenhöhe unter 30° beträgt, ist es am günstigsten, den Aufstieg um Mittag herum auszuführen. In dieser Zeit ändert sich die Sonnenhöhe nur wenig; die Korrektur Δ ist zwar groß (Abb. 8), ändert sich aber auch nur wenig während des Aufstieges und hat darum nur geringen Einfluß. Es verschiebt sich nur der Ordinatenmaßstab in Abb. 14 und 15 (s. S. 27 und 28).

Beträgt die maximale Sonnenhöhe mehr als 30°, startet man die Sonde am zweckmäßigsten bei 30° Sonnenhöhe. Bei genügender Steiggeschwindigkeit von 300-330 m/min ist bereits nach etwa 1 1/2 Std. die Gipfelhöhe des Ballons erreicht. In dieser Zeit hat aber die Funktion Δ (Abb. 8) noch keine hohen Werte erreicht.

Unzweckmäßig sind Startzeiten kurz nach Sonnenaufgang und kurz vor Sonnenuntergang, wo für niedrige Sonnenhöhen große Winkelbereiche durchlaufen werden. Hier hätte die Korrektur Δ großes Gewicht, was größere Unsicherheit in den gemessenen Aufstiegskurven bedeuten würde.

8) Die Bodenstation

a) Die Empfangsanlage

Das Blockschaltbild der Lindauer Empfangsstation, die im Institut für Stratosphärenphysik speziell für Ballonsondenaufstiege jeder Art gebaut wurde, ist in Abb. 13 dargestellt. Die in der Sonde verwendeten Tonfrequenzen werden durch elektrische Filter in der Frequenzweiche wieder getrennt und nach Gleichrichtung einem Mehrkanalschreiber zugeführt. Zusätzlich registriert der Schreiber als Zeitinformation die Minutenmarken einer elektrischen Uhr (Abb. 13).

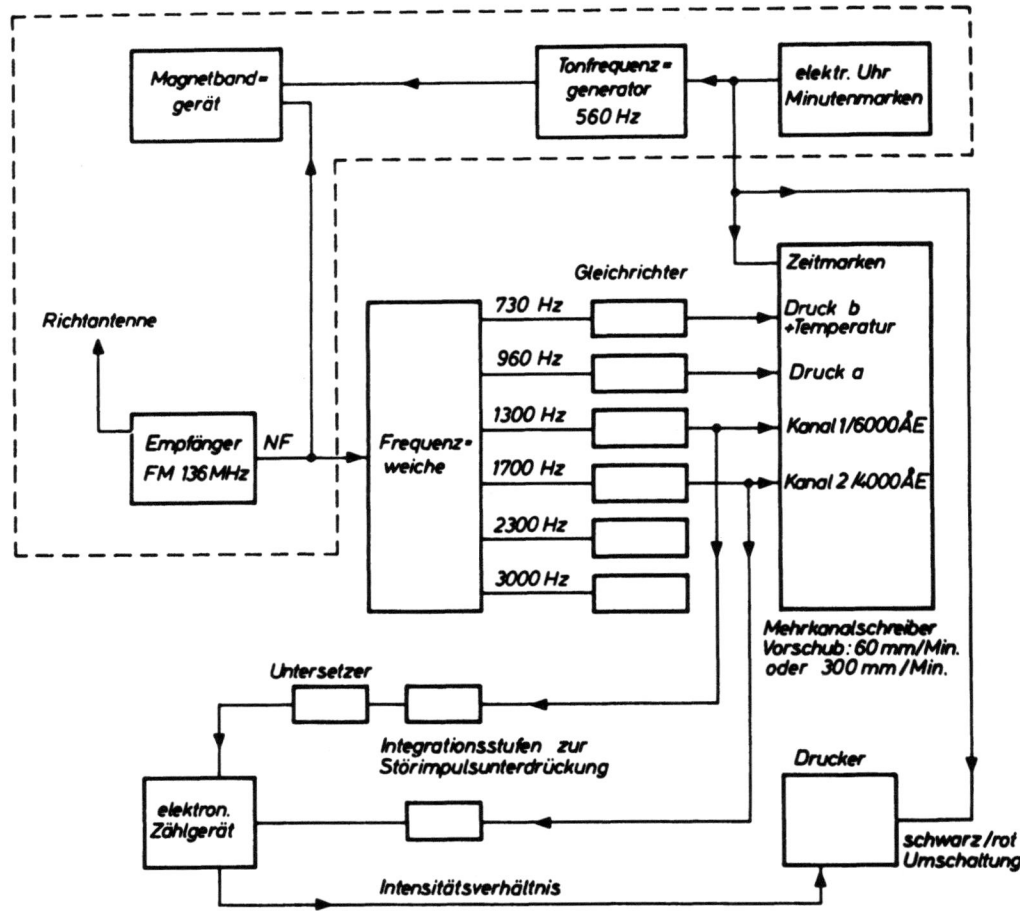

Abb. 13: Blockschaltbild der Empfangs- und Auswerteanlage

Die gesamte Niederfrequenzinformation wird außerdem zusammen mit den Minutenmarken (in Form von 560 Hz-Tönen) für spätere Auswertungen auf Magnetband gespeichert.

Die Auswerteapparatur kann während des Aufstieges direkt mitlaufen. Sie besteht aus einem elektronischen Zählgerät, welches fortlaufend die Schaltimpulse im Kanal 2 (4000 ÅE) zählt. Damit Störimpulse, die sich leider nicht vermeiden lassen, nicht fälschlicherweise mitgezählt werden, wurde vor das Zählgerät ein Integrationsglied geschaltet, das nur Impulse bestimmter Mindestdauer in Zählimpulse überführt. Man kann dieses Zeitglied so einstellen, daß die kürzesten zu zählenden Impulse gerade noch ansprechen, damit werden dann alle kürzeren Störimpulse unterdrückt.

Die Schaltimpulse von Kanal 1 (6000 ÅE) werden dem Zählgerät als Druckbefehl zugeführt, der angeschlossene Drucker druckt dann die jeweils zwischen zwei Druckbefehlen gezählten Impulse von Kanal 2 aus. Die ausgedruckten Zahlen, nämlich das Verhältnis

Zahl der Impulse im Kanal 2 / 1 Impuls in Kanal 1,

geben aber gerade das Verhältnis der Fotoströme J_2/J_1 an, denn nach Abschnitt 4b) ist die Zahl der Impulse pro Zeiteinheit dem jeweiligen Fotostrom und damit der jeweiligen Lichtintensität proportional. Auch für diesen Druckbefehlkanal wird zur Störimpulsunterdrückung ein Integrationsglied benutzt. Zur wahlweisen Änderung der Zählintervallänge dient ein zusätzlicher Untersetzer (Abb. 13). Das Tastverhältnis ist von vornherein so ausgelegt, daß auf einen vollen Impuls im Kanal 1 etwa 30 Impulse im Kanal 2 kommen. Um die Zeitmarken innerhalb der ausgedruckten Zahlen zu fixieren, wird durch jede Minutenmarke das Farbband des Druckers von schwarz auf rot umgestellt. Natürlich kann die Auswertung auch ohne die zusätzliche Auswerteapparatur direkt vom Papierstreifen des Schreibers durch Auszählen von Hand vorgenommen werden.

Für Sondenaufstiege an anderen Stationen genügt der gestrichelt umrandete Teil der Empfangsapparatur. Die Auswertung kann dann später vom Tonband aus vorgenommen werden. Die Eingangsempfindlichkeit des Empfängers sollte es gestatten, Eingangsspannungen von etwa 1 µVolt noch klar oberhalb des Rauschpegels zu empfangen. Als Antenne genügt für die zeitlich verhältnismäßig kurzen Ozonsondenaufstiege eine Richtantenne mit etwa 5 dB Gewinn.

b) Auswertung der Meßwerte der Ozonsonde

Nach der in Abschnitt 2) durchgeführten Genauigkeitsabschätzung sollten alle 500 m Höhendifferenz 4 Meßwerte des Lichtintensitätsverhältnisses zur Verfügung stehen. Nimmt man eine mittlere Sondenaufstiegsgeschwindigkeit von 300 m/min als gegeben an, so müßte alle 25 sec ein Meßwert gewonnen werden. Entsprechend dieser Forderung wird die Zählintervallänge mit Hilfe des Untersetzers im Druckbefehlkanal (Abb. 13) so eingestellt, daß im Mittel etwa alle 25 Sekunden ein über dieses Intervall gemittelter Wert des Intensitätsverhältnisses ausgedruckt wird.

Die Totzeit der Zähl- und Druckapparatur beträgt 30 µ sec; der hierdurch bedingte Verlust an Informationen beträgt dann $(30/25) \cdot 10^{-6}$, kann also vernachlässigt werden.

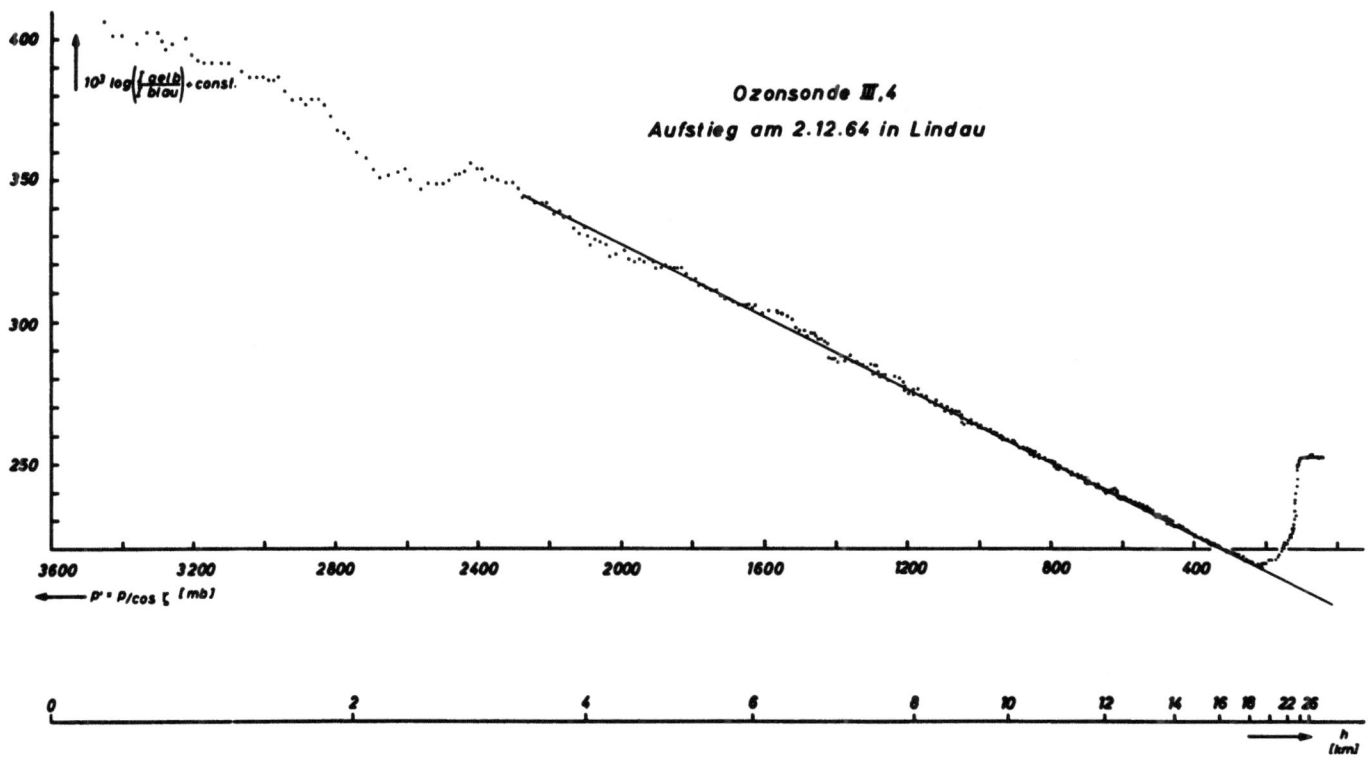

Abb. 14: Beispiel einer Aufstiegskurve mit angepaßter Gerade (Erklärung im Text).

Die Anzahl der gezählten Schaltimpulse des 4000 ÅE - Kanals beträgt im Mittel pro 25 sec-Zählintervall etwa 120. Bei den geringen Änderungen des Intensitätsverhältnisses ändern sich die ausgedruckten Zahlen aber nur sprunghaft. Um eine glatte Aufstiegskurve zu erhalten, werden die ausgedruckten Ziffern daher geglättet, und zwar werden laufend übergreifende Mittel über 9 aufeinanderfolgende Zahlen gebildet. Das Mittel wird jeweils dem mittleren, also dem 5. Wert zugeordnet. Die Genauigkeit leidet unter diesem Glättungsverfahren nicht, es werden dabei nur extrem starke Schwankungen, welche von chemischen Sonden mitunter erfaßt werden, ausgeglichen.

Diese geglätteten Werte $J_2/J_1 = J_{blau}/J_{gelb}$ werden logarithmisch über dem korrigierten Druck $p' = p \cdot \sec \zeta$ aufgetragen, wie im Beispiel in Abb. 14 veranschaulicht ist. Die zur Umrechnung auf den korrigierten Druck benötigte Zenitdistanz der Sonne wird rechnerisch bestimmt.

Alsdann wird die in Abschnitt 3) (Gleichung (14) für $x' = 0$) abgeleitete Gerade

$$\log \frac{J_1}{J_2} = c_6 + p \cdot \sec \zeta \, [a_R(\lambda_2) - a_R(\lambda_1)]/p_o$$

gemäß der in Abschnitt 3) gemachten Vorschrift an die Aufstiegskurve angepaßt und aus den Abweichungen der Meßpunkte in der Ozonschicht zunächst die x'-Werte und danach durch Differentiation gemäß Abschnitt 2) das Ozonprofil berechnet. Für die Bestimmung der Abweichungen ist die in Abb. 15 gewählte Darstellung zweckmäßiger.

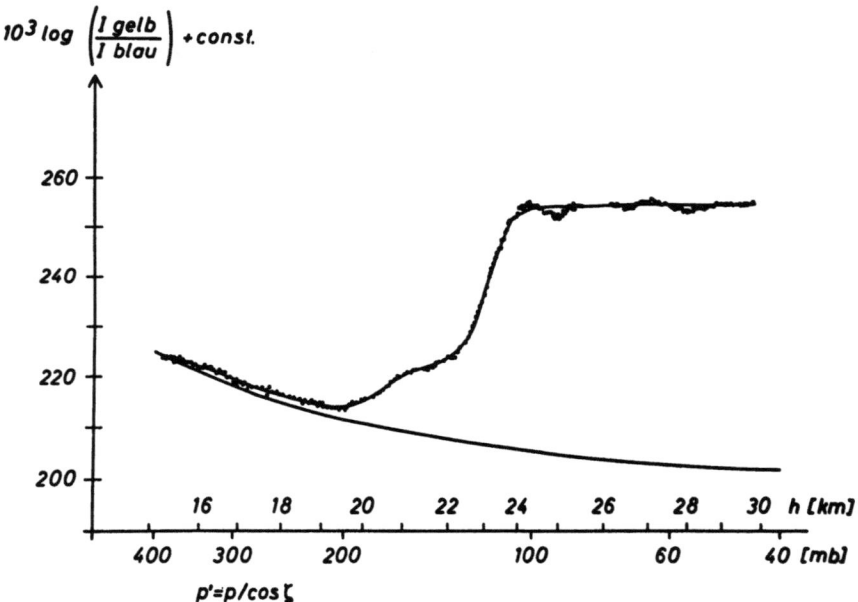

Abb. 15: Abweichung der Aufstiegskurve von der angepaßten Geraden beim Durchfliegen der Ozonschicht (logarithmischer Abszissenmaßstab).

9) Fehlerbetrachtungen

Die Ozonsonde mißt und überträgt, wie in Abschnitt 4b) gezeigt ist, das Verhältnis der Lichtintensitäten der beiden Spektralbereiche um 6000 ÅE und 4000 ÅE mit einem relativen Fehler von $\pm\,3,5\,‰$. Als zusätzliche Fehlerquellen sind ferner zu betrachten:

- a) Abweichungen von dem in Gleichung (12) formulierten atmosphärischen Extinktionsgesetz,
- b) die Mattscheibenkorrekturfunktion $\Delta(\zeta)$ sowie
- c) Auswertefehler.

a) Abweichungen von Gleichung (12) treten erst bei Sonnenhöhen unter $10°$ auf (Abb. 6), die aber für Messungen mit der Ozonsonde nicht benutzt werden.

b) Die Mattscheibenkorrektur (Abb. 8) ist für Sonnenhöhen zwischen $30°$ und $24°$ zu vernachlässigen. Zwischen $24°$ und $16°$ wächst sie auf $10 \cdot 10^{-3}$, von $16°$ bis $13°$ bis auf $20 \cdot 10^{-3}$. Der Fehler, der durch diese Korrektur hervorgerufen sein kann, ist ein systematischer Fehler. Er beeinflußt zwar die Absolutwerte von $\log(J_1/J_2)$, in viel geringerem Maße aber deren relative Änderungen, die zur Berechnung des Ozonprofils benutzt werden. Führt man die Aufstiege in der in Abschnitt 7 vorgeschlagenen Weise durch, läßt sich immer erreichen, daß der relative Fehler, welcher durch die Mattscheibenkorrektur hervorgerufen wird, $\pm\,1\,‰$ nicht übersteigt.

c) Bei Auswertung mit Rechenschieber lassen sich Rechenungenauigkeiten mit etwa $1\,‰$ des Intensitätsverhältnisses abschätzen.
Für den relativen Gesamtfehler ergibt sich demnach ein Maximalwert von $\pm\,5,5\,‰$. Damit wird der mittlere relative Fehler für die Ozonkonzentration nach der in Abschnitt 2) durchgeführten Abschätzung $\pm\,10\,\%$.

Ausnahmefälle

Hochreichende Wolken beeinflussen das Intensitätsverhältnis durch Abschattung in unkontrollierbarer Weise. Die Aufstiegskurven sind erst von der Wolkenobergrenze an zu verwenden. Dadurch wird unter Umständen alles unter der Wolkenobergrenze befindliche Ozon nicht mitgemessen. Im allgemeinen liegt die Wolkenobergrenze aber unter 10 km Höhe.

Beim Durchfliegen der Tropopause führt die Sonde, angestoßen durch Windböen, häufig starke Pendelbewegungen aus, die sich durch ungleichmäßige Impulsfolgen in der Registrierung bemerkbar machen. Die an der Sonde angebrachte Luftschraube wirkt aber sehr stark stabilisierend, so daß sich diese Schwankungen schnell wieder ausgleichen. Die Pendelintervalle werden bei der Auswertung nicht benutzt.

Falls sich bereits in der Troposphäre große Ozonmengen befinden, läßt sich die Gerade

$$\log \frac{J_1}{J_2} = C_6 + p \cdot \sec\zeta \, [\, a_R(\lambda_2) - a_R(\lambda_1) \,] / p_0$$

nicht so eindeutig an die Meßkurve anpassen, wie es z.B. in Abb. 14 möglich ist. Hierdurch ist ein weiterer Fehler nicht zu vermeiden, der sich aber nur bei dem troposphärischen Ozon und damit auch im Gesamtozonbetrag bemerkbar macht. Dieser Fehler ist von Fall zu Fall verschieden, wird aber zusätzlich 10% in der Ozonkonzentration nicht wesentlich überschreiten, so daß sich das Ozon, das sich unter 12 km Höhe befindet, nur auf etwa 20% genau angeben läßt.

Die Grenzen der beschriebenen Ozonsonde sind durch die Meßfehler vorgegeben. Sie liegen in den Höhen, wo die Ozonkonzentration so gering ist, daß die relativen Änderungen des Fotostromverhältnisses J_1/J_2 selbst in der Größenordnung der Meßfehler von 3,5 ‰ liegen. Dies ist in der Regel für das gesamte troposphärische Ozon der Fall, sofern in diesem Bereich nicht ausgeprägte Konzentrationsmaxima vorhanden sind, sowie für das hohe Ozon um 30 km Höhe.

Zusammenfassend kann man also sagen:

Die beschriebene optische Ozonsonde mißt das stratosphärische Ozon bis knapp 30 km Höhe auf ± 10 % genau. Das troposphärische Ozon läßt sich nur im Falle ausgeprägter Konzentrationsmaxima bestimmen, der Meßfehler beträgt dafür etwa ± 20 %.

Für die Temperaturmessung wurde eine ähnliche Impulsschaltung verwendet wie für die optischen Kanäle. Hier wurde allerdings keine so hohe Meßgenauigkeit angestrebt. Als Ladekapazität des Kippkreises dient ein normaler Wickelkondensator aus metallisiertem Kunststoff (Eromet 85), dessen Temperaturgang im wesentlichen den Fehler bei der Temperaturmessung bestimmt. Für den Bereich von + 10°C bis -30°C beträgt die relative Kapazitätsänderung 2 %, so daß man den maximalen Fehler bei der Temperaturmessung mit ± 1°C angeben kann.

10) Vergleichsmessungen der neuen Sonde mit einem erprobten Gerät

Um die Funktionstüchtigkeit der neuen Ozonsonde zu erproben, wurden zwei Vergleichsaufstiege mit der von V. H. REGENER entwickelten chemiluminiszenten Ozonsonde [1960] in Zusammenarbeit mit dem Deutschen Wetterdienst, Observatorium Hohenpeißenberg/Obb., durchgeführt.

Die Ozonprofile, welche mit der optischen Sonde an beiden Tagen gemessen wurden, sind im Anhang 2 aufgeführt (Sonden III, 22 und III, 24 am 9. und 10. 3. 66). An beiden Tagen wurde je eine optische Sonde und eine Regener-Sonde im Abstand von etwa 5 Minuten gestartet; ein Ballongespann kam wegen der ungünstigen Windverhältnisse am Startort nicht in Betracht.

Leider waren am ersten Meßtage, dem 9.3., die Meßwerte der Regener-Sonde unbrauchbar. Am zweiten Tage jedoch, am 10.3., war die Meßwertübertragung beider Ozonsonden einwandfrei. Das Meßergebnis ist in Abb. 16 aufgetragen; es zeigt, daß die von beiden Geräten gemessenen Ozonprofile innerhalb der angegebenen Fehlergrenzen recht gut übereinstimmen. Ein Dobson-Spektrograph zur Messung des Gesamtozonbetrages stand an der Station Hohenpeißenberg nicht zur Verfügung. Der mit der optischen Ozonsonde gemessene Wert x_o = 330 m atm-cm (0,330 cm O_3) befindet sich aber in guter Übereinstimmung mit dem am gleichen Tage in Arosa gemessenen x_o = 340 m atm-cm.

Das bei dem Vergleichsaufstieg am 10.3. gemessene Ozonprofil zeigt eine stark ausgeprägte Struktur. An der unterschiedlichen "Wiedergabe" der zahlreichen Nebenmaxima durch beide Sonden lassen sich die Unterschiede der beiden Meßverfahren direkt ablesen: Die chemiluminiszente Sonde mißt direkt das Ozonprofil, kurzzeitige Änderungen der Ozonkonzentration werden direkt registriert. Bei der beschriebenen optischen Sonde dagegen berechnet sich das Ozonprofil durch Differentiation einer integralen Aufstiegskurve. Die zur Erreichung der gewünschten Genauigkeit notwendigen Mittelungen begrenzen die Auflösung, wodurch scharfe Nebenmaxima abgeflacht und verbreitert erscheinen, wie Abb. 16 deutlich zeigt.

Auffällig ist ferner, daß die Höhen der Ozonmaxima bei beiden Sonden nicht ganz übereinstimmen. Die Druckunterschiede betragen im Hauptmaximum bei 50 mb etwa 5 mb, bei 100 mb etwa 10 mb, insgesamt also etwa 10 %. Dieser Fehler, der wahrscheinlich bei der Druckmessung mit einfachen Druckdosen entsteht, ist aber im Hinblick auf die Anwendung der Ozonsonde nur von geringer Bedeutung.

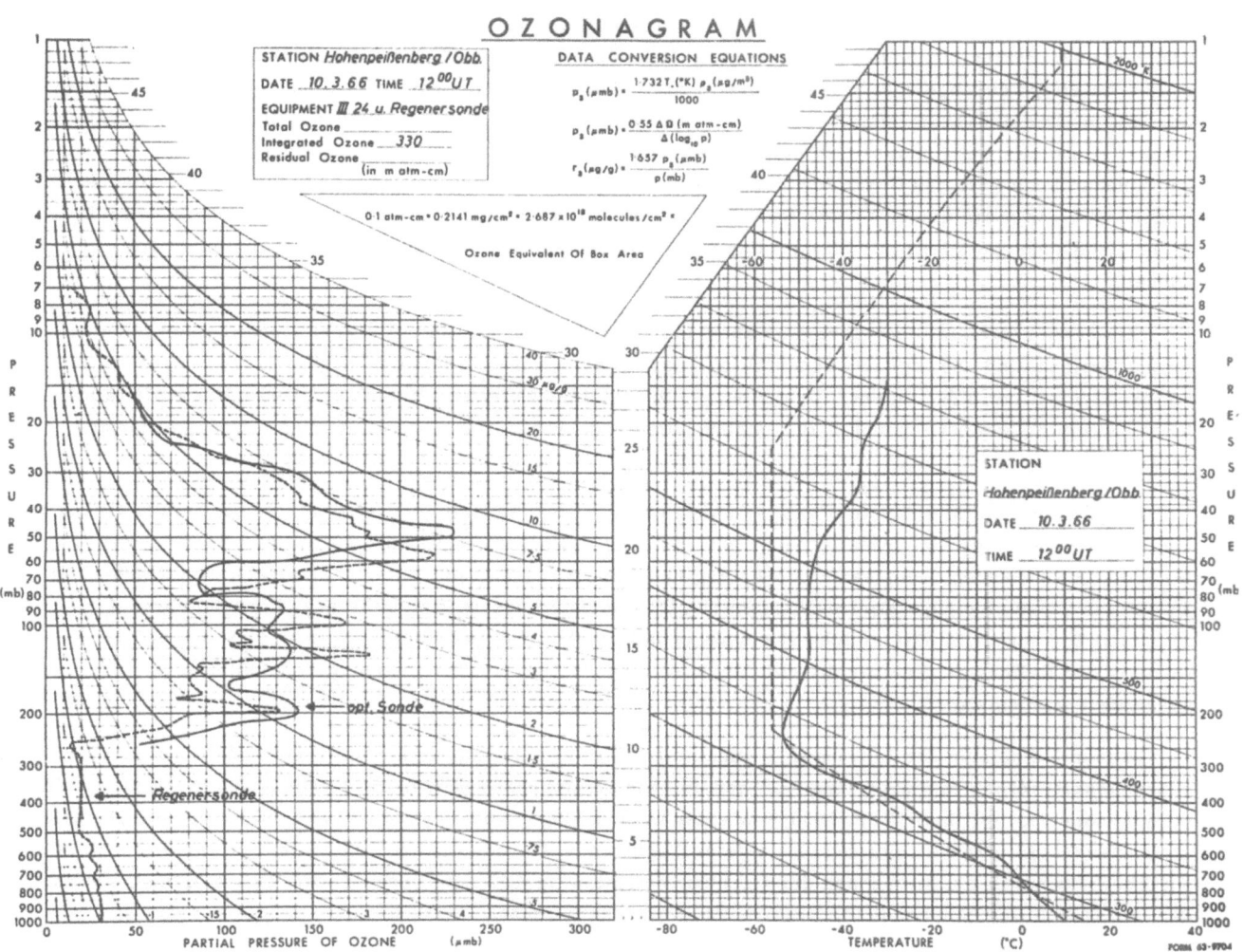

Abb. 16: Vergleichsaufstieg mit einer chemiluminiszenten Ozonsonde am 10.3.1966 in Hohenpeißenberg / Obb.

B. Deutung der Ergebnisse der gemessenen Ozonprofile im Hinblick auf die großräumigen Zirkulationen der Atmosphäre.

11) Diskussion der gemessenen Ozonprofile

Mit der im vorigen Abschnitt beschriebenen neuen Ozonradiosonde wurden, teils als Versuchsflüge während der Entwicklung des Gerätes, teils im Rahmen eines kleinen Meßprogrammes, etwa 25 erfolgreiche Aufstiege durchgeführt, deren Ergebnisse im Anhang zusammengestellt sind. Die meisten Sonden wurden im Frühjahr 1965 gestartet, zu einer Zeit, die sich, zumindest in Europa, durch außerordentlich starke Ozonschwankungen auszeichnete. Die an europäischen Ozonstationen mit Dobson-Spektrographen gewonnenen Meßwerte des Gesamtozonbetrages x_o zeigen in diesem Zeitraum sehr häufig interdiurne Änderungen von mehr als 50 %. Das bedeutet, daß die mit etwa einwöchigem Abstand durchgeführten Lindauer Ozonsondenaufstiege nur Stichproben einer äußerst schnell veränderlichen Entwicklung darstellen können.

Immerhin zeigen die Ozonagramme aber wesentliche Merkmale, die für Variationen in der Ozonverteilung typisch sind. So ist z.B. augenfällig, daß im Falle großer Werte des Gesamtozonbetrages x_o die Ozonkonzentration in der unteren Stratosphäre, in Schichten zwischen 200 mb und 100 mb, ebenfalls hohe Werte annimmt, während das über die Höhenschichten oberhalb 100 mb aufintegrierte Ozon verhältnismäßig konstant ist.

Diese Tatsache ist schon seit einigen Jahren bekannt und statistisch gesichert. So bestimmte DÜTSCH aus Umkehrmessungen in Arosa [1962, 64a, b] und Ballonaufstiegen mit der Brewer-Sonde [1966] in Boulder, daß zwischen dem Gesamtozonbetrag und dem Ozongehalt der unteren Stratosphäre zwischen 10 und 20 km Höhe eine enge Korrelation besteht. Der Korrelationskoeffizient beträgt je nach Jahreszeit zwischen 0,6 und 0,8. Das gleiche Ergebnis erhielten HERING und BORDEN jun. [1965] bei der Auswertung der Ballonaufstiege, welche mit Regener-Sonden über verschiedenen amerikanischen Stationen ausgeführt worden waren.

In zwei Beispielen der in Anhang 2 zusammengestellten Ozonogramme wird der Zusammenhang zwischen Gesamtozonbetrag und Ozongehalt der unteren Stratosphäre besonders deutlich, nämlich bei den Aufstiegen vom 15., 16. und 17. 9. 1965 sowie den beiden Flügen vom 9. und 10. 3. 1966. Im ersten Beispiel steigt der Gesamtozonbetrag innerhalb zweier Tage von 0,190 cm O_3 auf 0,322 cm O_3; diese Zunahme wird bewirkt durch ein Anwachsen der Ozonkonzentration im 100 mb-Niveau (etwa 16 km Höhe), während der Ozongehalt der höheren Schichten nahezu unverändert bleibt.

Im zweiten Beispiel bewirkt das Anwachsen der Ozonkonzentration zwischen 200 mb und 150 mb (etwa 12 bis 14 km Höhe) eine Zunahme des Gesamtozonbetrages von 0,223 cm O_3 am 9. 3. auf 0,330 cm O_3 am 10. 3. 1966, ohne daß sich der Ozongehalt der mittleren und hohen Stratosphäre ändert.

Dementsprechend kann man sich eine Höhe h_{grenz} denken, oberhalb derer der Ozongehalt der Stratosphäre nur wenig schwankt. Für Lindau wie auch für andere Ozonstationen mittlerer Breite beträgt das oberhalb dieser "Grenzhöhe" h_{grenz} befindliche, in grober Näherung konstante Ozon $\bar{x} \approx 0,170$ cm O_3 = 170 m atm-cm [MOSER 1949]. Aus den im Anhang zusammengestellten Ozonprofilen ergibt sich für $\bar{x} = 170$ m atm-cm die Grenzhöhe $h_{grenz} = 16$ km ± 1 km ($p_{grenz} = 105$ mb). Man muß aber berücksichtigen, daß die Ozonprofile im allgemeinen nur bis etwa 10 mb Luftdruck (ca. 31 km Höhe) gemessen wurden. Oberhalb dieser Höhe befinden sich noch etwa 5 bis 10 % der in den Ozonogrammen eingetragenen x_o-Werte, die bei der Berechnung von h_{grenz} nicht berücksichtigt wurden. Die angegebene Grenzhöhe ist also zu niedrig, es dürfte für die korrigierten x_o-Werte etwa $h_{grenz} = 18$ km ± 1 km gelten.

12) Der Einfluß von Luftzirkulationen auf den Ozongehalt der unteren Stratosphäre.

Wie bereits in der Einleitung erwähnt wurde, ist das Ozon in der unteren Stratosphäre wegen seiner langen Lebensdauer ein idealer Tracer zur Erforschung der Luftzirkulation in diesen Schichten. Da aber nach dem vorigen ein inniger Zusammenhang zwischen diesem Ozonanteil und dem Gesamtozon x_o besteht, sollte es möglich sein, Aussagen über die Zirkulationen der unteren Stratosphäre direkt aus x_o-Werten zu gewinnen.

Ein erster Versuch dieser Art wurde von MOSER [1949] unternommen. Er konstruierte für mehrere europäische Ozonstationen mit Hilfe von Höhenwetterkarten (Topographien der 500-, 225- und 97 mb-Fläche) die Windbahnen, entlang derer die Luft in 500 mb-, 225 mb- und 97 mb-Niveau an den betreffenden Meßtagen über den Ozonstationen eingeströmt war. Er stellte fest, daß der gemessene Ozonbetrag x_o hohe Werte erreichte, wenn die Luft aus hohen Breiten kam, daß aber x_o abnahm, wenn die Luft aus niederen Breiten stammte. MOSER erhielt für die 225 mb- und die 97 mb-Windbahnen die besten Korrelationen zwischen Gesamtozonbetrag und "Herkunft" der Luft, wenn diese als Ort der Windbahn etwa 5 - 6 Tage vor Eintreffen am jeweiligen Meßort definiert wurde. Diese Definition erscheint aber angesichts zirkulierender Luftmassen willkürlich, und die von MOSER gefundene Korrelation war auch nur für bestimmte Frühjahrswetterlagen befriedigend.

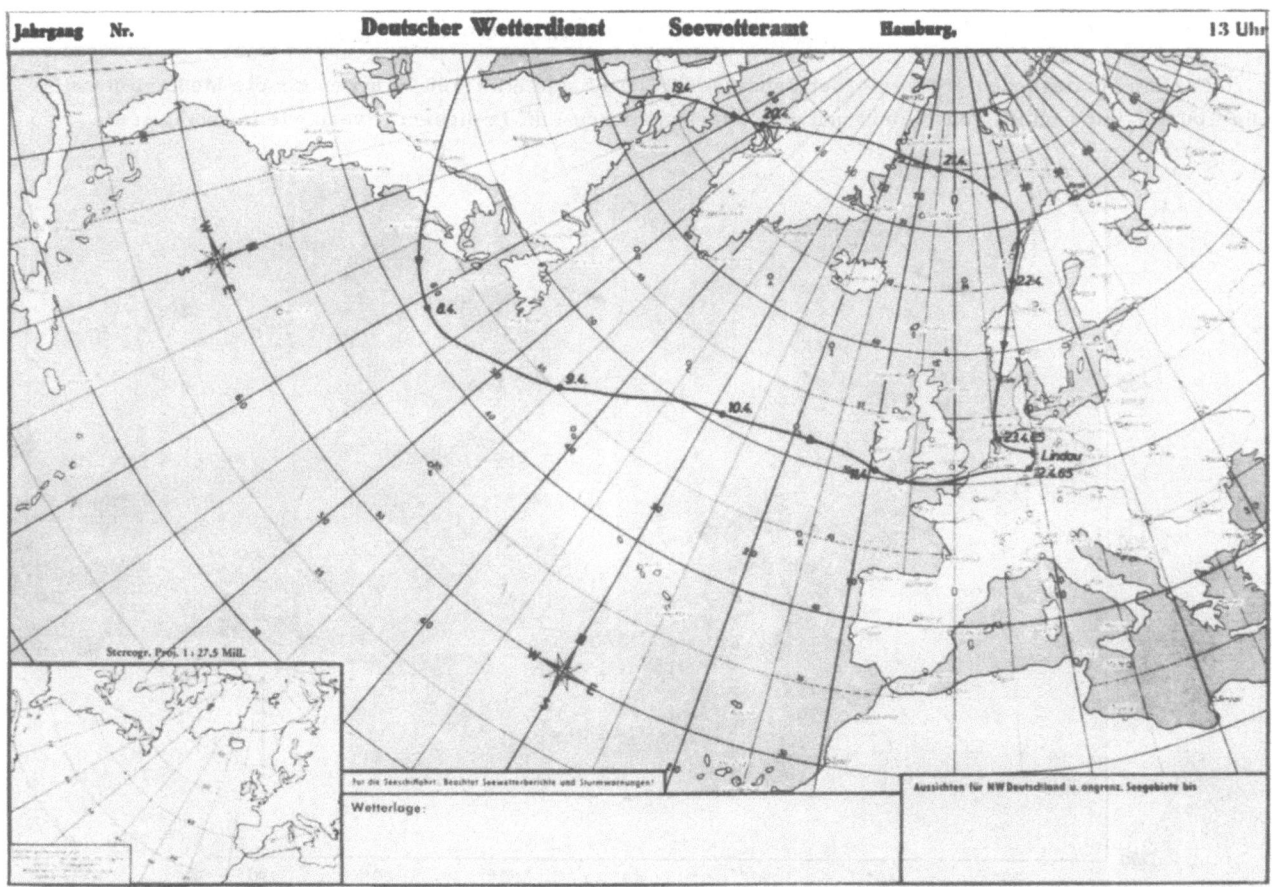

Abb. 17: Zwei Windbahnen, entlang derer die Luft im 100 mb-Niveau am 12.4. und 23.4.65 in Lindau einströmte.

Dieses Verfahren der Luftbahnberechnung wurde auch auf unsere Ozonmessungen angewandt. Mit Hilfe der vom Institut für Geophysik und Meteorologie der Freien Universität Berlin täglich herausgegebenen Höhenwetterkarten wurden die 100 mb-Windbahnen berechnet, entlang derer die Luft im 100 mb-Niveau an den Ozonmeßtagen über Lindau eingeströmt war (Abb. 17). Statt mit dem unbekannten wahren Wind wurde (näherungsweise) mit dem geostrophischen Wind gerechnet, dessen Geschwindigkeit sich nach der Beziehung

$$v_{geostr.} = \frac{tg \, \varepsilon \cdot g}{f} \quad \text{berechnet.}$$

Hierin ist $tg \, \varepsilon$ die Neigung der Niveaufläche, welche sich aus dem Abstand der Höhenlinien der Topographie für das jeweilige Druckniveau ergibt; g ist die Erdbeschleunigung und f der Coriolisparameter $f = 2 \omega \cdot \sin \varphi$ mit der Winkelgeschwindigkeit ω der Erde und der geographischen Breite φ. Die Richtung des geostrophischen Windes ist durch die Richtung der Höhenlinien gegeben. Als "Herkunft" der Luft wurde nacheinander die geographische Breite der 100 mb-Windbahnen 1, 2, 3, 4, 5 und 6 Tage vor Eintreffen in Lindau definiert, und es zeigte sich auch hier, daß die beste Korrelation (r = 0,78) zwischen Gesamtozonwert x_o und "Herkunft" der Luft bestand, wenn unter dieser die geographische Breite φ_5 der 100 mb-Windbahn 5 Tage vor Eintreffen über Lindau verstanden wurde (Abb. 18).

Das Lindauer Ozonmeßmaterial ist leider nicht umfangreich genug, um daraus statistisch haltbare Ergebnisse zu gewinnen. Die Untersuchungen wurden deshalb auf die in großer Zahl vorliegenden Ozonmessungen von Belsk/Polen [DÜTSCH, MATEER 1964, DÜTSCH 1965b] ausgedehnt, dessen geographische Breite (50,8°N) nicht wesentlich von der Lindauer Breite (51,6°N) abweicht.

Für die vorliegenden x_o-Werte der Jahre 1964 und 65 (je etwa 100) wurden für die Meßtage jeweils die 100 mb-Windbahnen konstruiert und die "Herkunft" der Luft in diesem Niveau wie im vorigen als

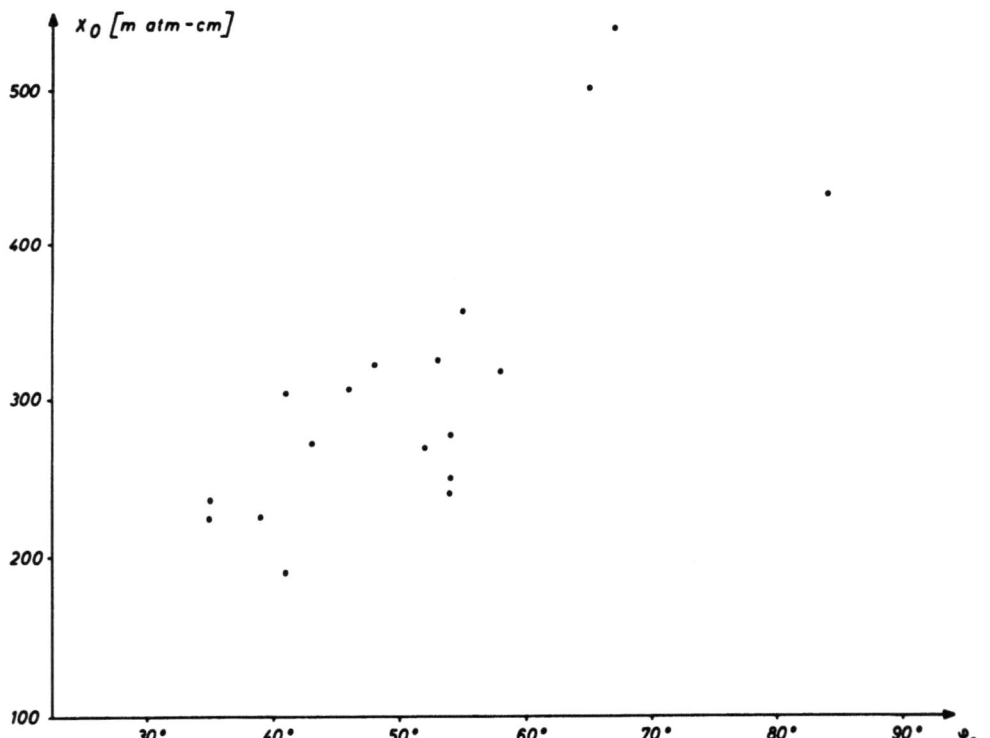

Abb. 18: Lindauer Ozonsondenaufstiege Gesamtozon x_o als Funktion der "Herkunft" der Luft im 100 mb-Niveau (hier geogr. Breite der 100 mb-Windbahn 5 Tage vor Eintreffen in Lindau).

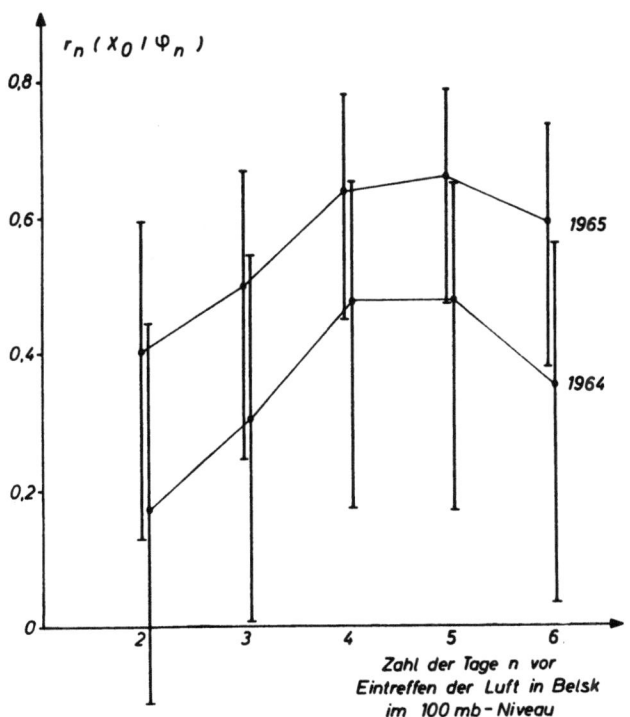

Abb. 19: Korrelationskoeffizient zwischen Gesamtozonbetrag x_o in Belsk und "Herkunft" der Luft im 100 mb-Niveau, definiert als geogr. Breite φ_n der 100 mb-Windbahn am n-ten Tage vor Eintreffen in Belsk.

geographische Breite φ_n der 100 mb-Windbahnen n Tage vor Eintreffen über Belsk definiert. Der Korrelationskoeffizient zwischen x_o und φ_n, in Abb. 19 für 1964 und 1965 getrennt aufgetragen, ist auch hier wieder für n = 4 und n = 5 am größten. Die in Abb. 19 eingezeichneten Grenzen für r sind so berechnet, daß der Korrelationskoeffizient mit 99,73 % Wahrscheinlichkeit innerhalb des so begrenzten Variationsbereiches liegt. Damit sind mindestens die Werte für n = 4 und n = 5 statistisch gesichert. Die Korrelationskoeffizienten sind 1965 größer als 1964, was nicht verwundert, denn, wie erwähnt, ist die Schwankungsamplitude des Ozonbetrages x_o 1965 sehr viel größer als 1964.

Wie kann man sich dieses Ergebnis erklären? Der erwähnten Arbeit von MOSER [1949] lag die Vorstellung zugrunde, daß die Polarregion ein Ozonquellgebiet darstellt, dessen Ergiebigkeit im zeitigen Frühjahr am größten ist und im Laufe des Sommers absinkt. Heute weiß man, daß zwischen hohen und niederen Breiten ein Ozongradient besteht, dessen Größe in gleicher Weise von der Jahreszeit abhängt.

Wenn man sich vereinfacht vorstellt, daß ein geschlossener Luftkörper entlang einer 100 mb-Windbahn wandert und am jeweiligen Meßtage mit seinem Ozongehalt zu einem mehr oder weniger hohen Gesamtozonbetrag über der betreffenden Station beisteuert, so hängt der Ozongehalt dieses Luftkörpers sicherlich von dem entlang der Luftbahn durchlaufenen Ozongradienten ab. So wird sich der Luftkörper vermöge Diffusion mit Ozon anreichern, solange er sich durch eine ozonreiche Umgebung bewegt, er wird Ozon verlieren, sobald er in eine ozonärmere Umgebung gelangt. Keinesfalls dürfte es richtig sein, daß diese Ozonanreicherung oder -verarmung nur etwa 4 - 5 Tage vor Eintreffen des Luftkörpers über der Ozonmeßstation stattfindet, wie es nach den Windbahnenberechnungen für Belsk den Anschein hat.

Der Grund, warum gerade die Korrelation zwischen Ozonwert und Herkunft der Luft im 100 mb-Niveau für die $\varphi 4$- und $\varphi 5$-Werte am sichersten erscheint, dürfte darin liegen, daß für größere Zeitspannen vor Eintreffen der Luft an der Station die Korrelation notwendig schlechter werden muß, da dann die Windbahnen wegen nicht berücksichtigter Vertikalbewegungen des Luftkörpers und Ungenauigkeiten der Berechnungen immer weniger richtig sind. Hingegen ist offensichtlich eine Mindestzeitdauer von 3 - 4 Tagen vor Ankunft der Luft über der Station notwendig, damit die volle Breitenvariation gegeben ist, so daß die Zeit von 4 - 5 Tagen vor Eintreffen des Luftkörpers ein Optimum darzustellen scheint.

Eine bessere Definition der Herkunft der Luft im 100 mb-Niveau müßte die Ozonanreicherung und Verarmung des betrachteten Luftkörpers entlang des ganzen Weges bis zum Meßort berücksichtigen, also entlang der 100 mb-Windbahn etwa vom 6. Tage vor Eintreffen der Luft über dem Meßort an. Wenn man annimmt, daß die 100 mb-Windbahn während der Zeiteinheit T in der Breite φ verläuft, so wird die Ozonanreicherung bzw. -verarmung des betrachteten Luftkörpers umso stärker sein, je mehr sich dessen Ozongehalt von dem der Umgebung unterscheidet, in erster Näherung wird sie also von dem mittleren

Ozongehalt in der Breite φ abhängen. Mit dieser Annahme läßt sich die Herkunft der Luft als mittlere Breite $\overline{\varphi}$ der 100 mb-Windbahn definieren, nämlich als

$$\overline{\varphi} = \frac{1}{6} (\varphi_1 + \varphi_2 + \ldots + \varphi_6),$$

wobei $\varphi_1, \ldots \varphi_6$ die jeweils um 0 Uhr MOZ 1 bis 6 Tage vor Eintreffen der Luft über dem Meßort von der betreffenden Windbahn abgelesenen Breiten sind.

Betrachtet man jetzt den Gesamtozonbetrag x_o in Abhängigkeit von der Herkunft der Luft $\overline{\varphi}$, wie sie sich nach der eben beschriebenen Definition berechnet, so ergibt sich folgendes Ergebnis:

Zunächst scheint es, als sei die Korrelation zwischen x_o und $\overline{\varphi}$ weniger signifikant als jene zwischen x_o und φ_4 bzw. φ_5. Ordnet man aber die Wertepaare nach der Jahreszeit, wie es in Abb. 20 ausgeführt ist, so wird der lineare Zusammenhang zwischen Gesamtozonbetrag x_o und der Herkunft der Luft sehr deutlich. Die eingezeichneten Regressionsgeraden wurden so berechnet, daß die Summe der Abstandsquadrate senkrecht zu den Geraden zum Minimum wurde. Ihre Steigung, mit m bezeichnet, ist am größten im Februar und wird im Laufe des Sommers immer flacher. Die Werte der Herbstmonate September / Oktober schließlich stellen sich als ungeordnete Punktwolke ohne eindeutige Vorzugsrichtung dar.

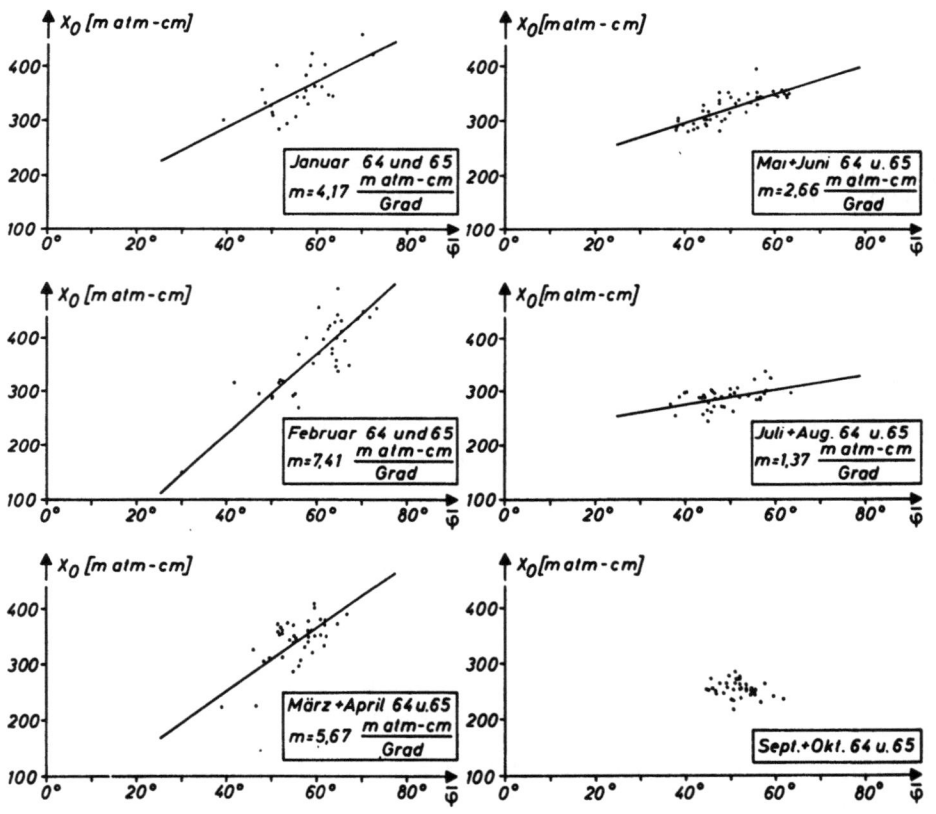

Abb. 20: Ozonstation Belsk / Polen: Jahreszeitliche Abhängigkeit des Gesamtozonbetrages x_o von der "Herkunft" $\overline{\varphi}$ der Luft im 100 mb-Niveau ($\overline{\varphi}$ = mittl. geographische Breite der 100 mb-Windbahn).

Es ist bemerkenswert, daß die Korrelation zwischen Gesamtozonbetrag x_o und "Herkunft" der Luft im 100 mb-Niveau die gleiche jahreszeitliche Abhängigkeit zeigt wie der Nord-Süd-Gradient des Ozons selbst. Dieser Nord-Süd-Gradient, berechnet aus vierjährigen Monatsmitteln von 65 Ozonstationen der Nordhalbkugel, [Meteorolog. Service of Canada 1964, 65, 66] ist in den Abb. 21 und 22 als Punktwolke aufgetragen. Die Steigung der nach dem gleichen Extremalprinzip wie im vorigen berechneten Regressionsgeraden gibt für den betreffenden Monat den mittleren Zahlenwert des Ozongradienten an. Dieser stimmt überein mit dem Regressionsfaktor zwischen dem Gesamtozon und der "Herkunft" der Luft der unteren Stratosphäre, wie er in Abb. 20 dargestellt ist. In Tab. 1 wurden die Werte des Nord-Süd-Gradienten den aus der Korrelation von x_o und $\bar{\varphi}$ ermittelten Werten zum Vergleich gegenübergestellt.

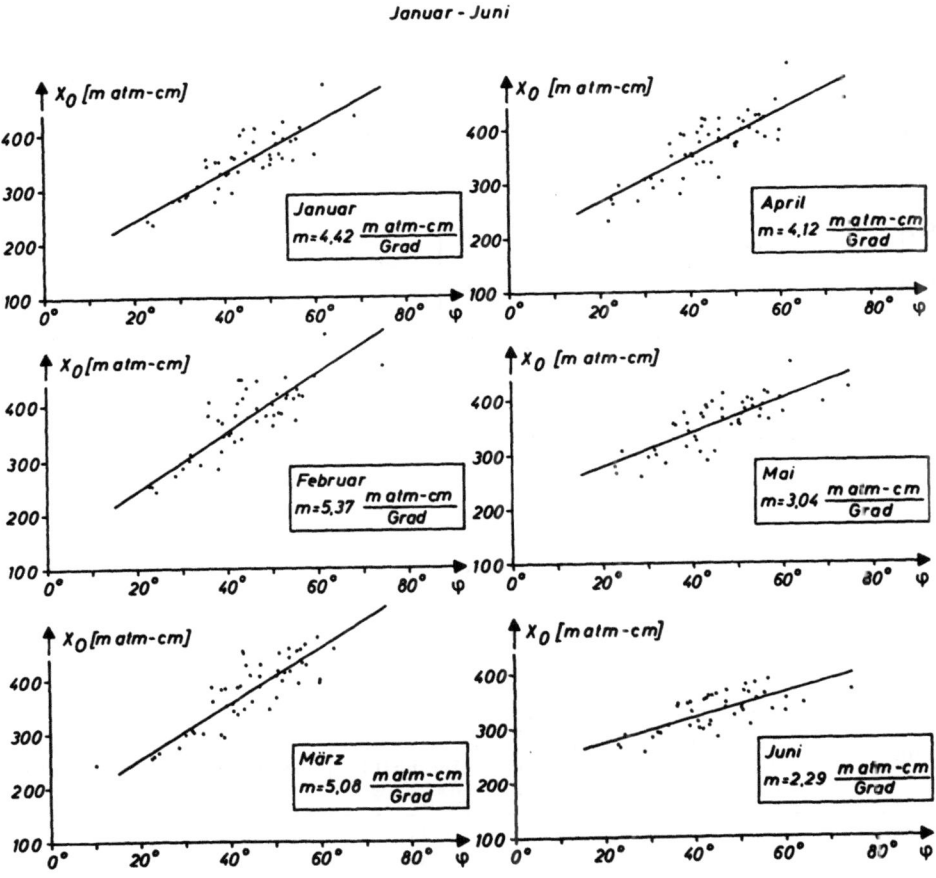

Abb. 21: Darstellung des Nord-Süd-Gradienten des Gesamtozons x_o durch Monatsmittel der Jahre 1960 - 63 von insgesamt 65 Ozonstationen der Nord - halbkugel

Juli - Dezember

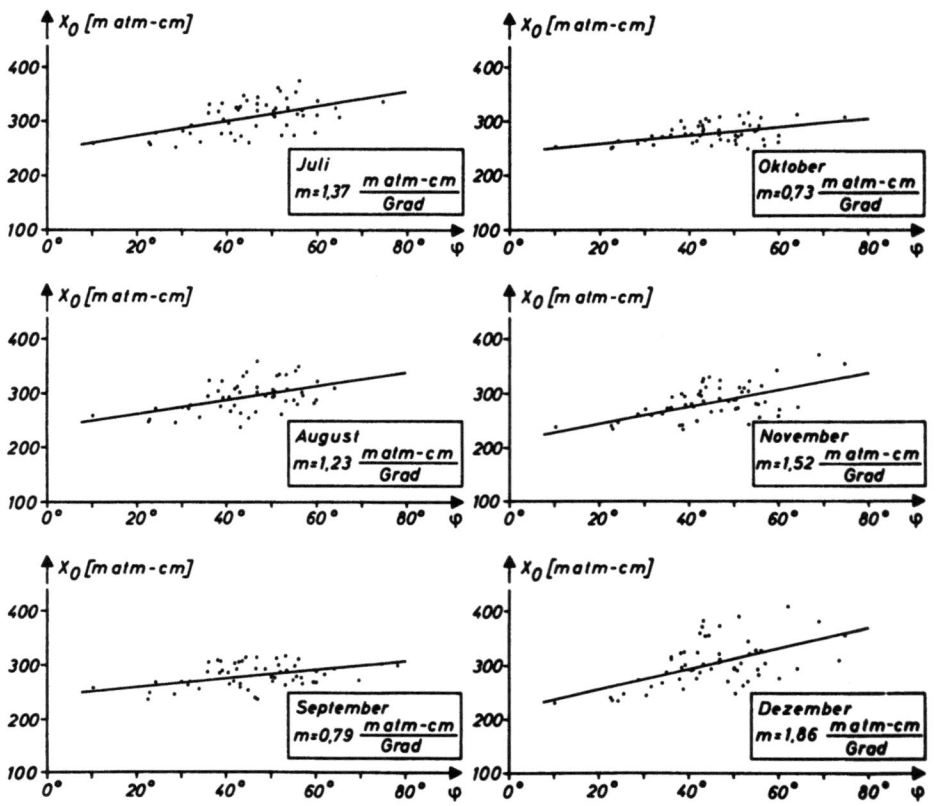

Abb. 22: Darstellung des Nord-Süd-Gradienten des Gesamtozons x_o durch Monatsmittel der Jahre 1960 - 63 von insgesamt 65 Ozonstationen der Nordhalbkugel.

Tabelle 1

Vergleich der Nord-Süd-Ozongradienten mit den Regressionsfaktoren zwischen Gesamtozonbetrag x_o und "Herkunft der Luft" $\overline{\varphi}$.

Einheit: m atm-cm Grad^{-1}

Monat	Nord-Süd-Ozon-Gradient 60-63 $\Delta x_o / \Delta \varphi$	Korrelation Belsk 65/65 $\Delta x_o / \Delta \varphi$	Korrelation Arosa 1965 $\Delta x_o / \Delta \varphi$	Korrelation Goose Bay 64 $\Delta x_o / \Delta \varphi$
Januar	4, 42	4, 17	4, 80	
Februar	5, 37	7, 41	10, 00	
März	5, 08 }	5, 67 }	1, 87	
April	4, 12			
Mai	3, 04 }	2, 66 }	3, 23	
Juni	2, 29			
Juli	1, 37 }	1, 37 }	1, 09	
August	1, 23			
September	0, 79 }	0 }	0	
Oktober	0, 73			
November	1, 52			0, 89
Dezember	1, 86			1, 86

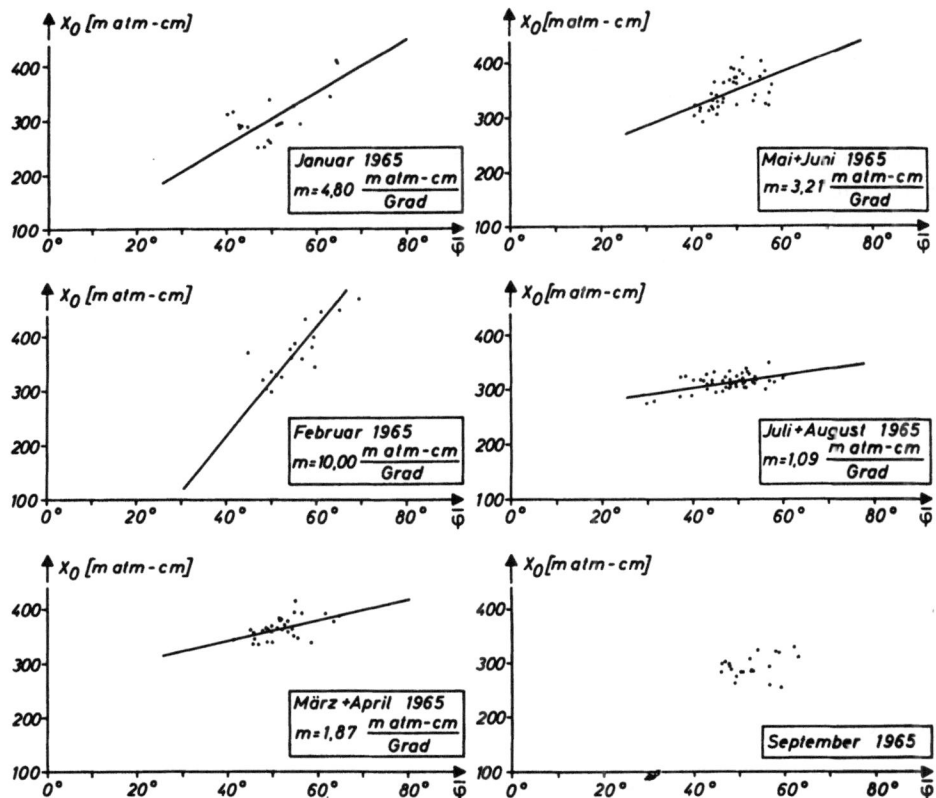

Abb. 23: Ozonstation Arosa / Schweiz: Jahreszeitliche Abhängigkeit des Gesamtozonbetrages x_0 von der "Herkunft" $\overline{\varphi}$ der Luft im 100 mb-Niveau ($\overline{\varphi}$ = mittl. geographische Breite der 100 mb-Windbahn).

Das gleiche Resultat ergab sich aus den Windbahnberechnungen für die Ozonstation Arosa, wenn auch hier in einigen Monaten (Februar, März, April) größere Abweichungen des Regressionsfaktors vom mittleren Ozongradienten auftreten (Abb. 23). Diese Abweichungen sind vermutlich dadurch bedingt, daß nur Meßwerte von 1965 benutzt wurden; in diesem Jahre scheint der Nord-Süd-Gradient aber zum Teil wesentlich andere Werte angenommen zu haben als im langjährigen Mittel (vollständige Ozondaten liegen für 1965 noch nicht vor). Ferner kann man sich einen Teil der Abweichungen dadurch erklären, daß das Meßmaterial bislang nicht sehr umfangreich ist. Die fehlenden Monate November und Dezember werden durch Ozonmeßwerte von Goose Bay / Kanada (φ = 53,3°N) ergänzt [Meteorolog. Service of Canada 1965], für die das Luftbahnverfahren in gleicher Weise wie für Belsk und Arosa angewandt wurde (Tab. 1). Auch hier besteht gute Übereinstimmung zwischen dem Ozongradienten und den aus der Korrelation von x_0 und $\overline{\varphi}$ ermittelten Werten.

Die Genauigkeit der Windbahnbestimmung darf nicht überschätzt werden, denn einmal sind die Höhenwetterkarten nicht frei von Fehlern, zum anderen werden bei der Berechnung vertikale Verschiebungen völlig außer Acht gelassen. Schließlich dürfte der wahre Wind in vielen Fällen von dem berechneten geostrophischen Wind abweichen.

Es wäre daher wenig aussichtsreich, eine genauere Definition der Herkunft der Luft einzuführen, um damit evtl. noch exaktere Schlüsse auf den Ozongehalt der unteren Stratosphäre ziehen zu können.

Im Rahmen statistischer Methoden jedoch erweist sich, wie die Ergebnisse zeigen, das beschriebene Verfahren als außerordentlich nützlich. Es zeigt sich, daß für jede Jahreszeit zwischen dem Ozongehalt der unteren Stratosphäre und der "Herkunft" der Luft dieser Schichten ein gesicherter Zusammenhang besteht, der durch den Nord-Süd-Ozongradienten für die betreffende Jahreszeit gegeben ist. Dieser Ozongradient stellt für jede Breite ein bestimmtes Ozonluftverhältnis in der Stratosphäre dar. Er ist gleichsam ein Reservoir, aus dem durch meteorologische Einflüsse ständig bestimmte Teile in andere Gegenden verfrachtet werden und dort zu dem jeweils gemessenen Ozonbetrag beitragen. Es ist anzunehmen, daß der für die Ozonstationen Belsk, Arosa und Goose Bay gefundene Zusammenhang zwischen Ozongehalt und Herkunft der Luft in der unteren Stratosphäre auch für andere Stationen mittlerer Breite gilt. Wie weit sich für Stationen hoher und niederer Breiten Abweichungen ergeben, bleibt weiteren statistischen Untersuchungen verbehalten. Auf jeden Fall ist die Variationsamplitude in den Tropen sowohl wie in den direkten Polgebieten kleiner als in den mittleren Breiten, da beide Regionen meteorologisch abgeschlossen sind.

13) Der großräumige Ozonkreislauf

Es gilt heute als sicher, daß der Jahresgang des Ozons mit seinem ausgeprägten Maximum im zeitigen Frühjahr und seiner Breitenabhängigkeit durch Ozonverfrachtungen aus einem Quellgebiet in Äquatornähe in höhere Breiten hervorgerufen wird. DÜTSCH [1964b] vermutet dieses Quellgebiet direkt unterhalb des Ozonmaximums in etwa 28 bis 29 km Höhe, wo der Wert des Mischungsverhältnisses Ozon / Luft sehr steil nach niederen Höhen hin abfällt.

Aus diesem Quellgebiet in der Äquatorzone wird das Ozon durch Luftströmungen, welche bevorzugt nach der jeweiligen Winterhalbkugel hin gerichtet sind, in höhere geographische Breiten mitgeführt. Das hierdurch im Quellgebiet entstehende Ozondefizit wird durch fotochemische Nachbildung ausgeglichen. NEWELL [1963] bestimmte statistisch aus Korrelationen zwischen Ozon und Höhenwind an 32 Ozonstationen, daß dieser Ozontransport von niederen in höhere Breiten vorwiegend in Höhen zwischen 17 km und 25 km stattfindet. Er konnte außerdem zeigen, daß der Ozonstrom vom Äquator gegen die Pole leicht abfällt. Die Fläche, die von ihm überstrichen wird, verläuft etwa parallel zur Tropopausenfläche. Auf der Nordhalbkugel ist der Ozonstrom in höheren Breiten in der Zeit von Januar bis März am stärksten. Er wird gegen den Herbst hin schwächer, ohne aber ganz zu versiegen.

Die Höhe, in welcher der eben beschriebene Ozonstrom fließt, fällt zusammen mit der Höhe der maximalen Ozonkonzentration, die auch gegen die Polgebiete hin abfällt. Gleichzeitig wird das Ozonmaximum, das am Äquator scharf ausgeprägt erscheint, gegen die Pole hin immer breiter [DÜTSCH 1964b, HERING, BORDEN 1965]. Man kann daraus schließen, daß außer dem annähernd horizontal fließenden Ozonstrom ein vertikaler Austausch wirksam ist, der ständig Ozon in die untere Stratosphäre verfrachtet. Dies folgt auch daraus, daß das Ozonmaximum im Frühjahr (auf der Nordhalbkugel) zuerst in der Höhe maximaler Ozonkonzentration einsetzt, es in den tieferliegenden Schichten immer später auftritt.

Dieser vertikale Ozontransport in die untere Stratosphäre geht sehr viel langsamer vonstatten als der horizontale in Richtung auf die Polgebiete [NEWELL 1963]. So kommt es, daß das meiste Ozon aus dem äquatorialen Quellgebiet hohe Breiten erreicht und dort, mitgeführt von den durch meridionale Temperaturunterschiede erzeugten Abwärtsströmungen, in tieferliegende Schichten absinkt. Dies könnte die Ursache für den sich einstellenden Nord-Süd-Gradienten (auf der Nordhalbkugel) des Ozons sein. In der Zeit von Januar bis März ist der Ozonstrom am stärksten, in dieser Zeit bildet sich der größte Ozongradient zwischen Pol und Äquator aus. Das Nachlassen des Ozonstroms gegen Herbst hin schwächt den Ozongradienten zwar ab, bringt ihn aber nicht zum Verschwinden (Abb. 21 und 22). Das heißt, daß auch im Herbst der horizontale Ozonfluß in hohe Breiten gegen den vertikalen Austausch überwiegt.

Diese großräumige meridionale Luftströmung, die ständig Ozon von einem äquatorialen Quellgebiet in hohe Breiten verfrachtet, ist nur als Teil eines großen Kreislaufs denkbar. Der zweite Teil dieses Kreislaufs, der zum Äquator zurückführt, findet in niedrigen Höhen statt, etwa im Bereich zwischen der polwärts gerichteten Strömung und der Tropopause. Es ist denkbar, daß die in Abschnitt 11) eingeführte Grenzhöhe, welche in mittleren Breiten etwa 18 km beträgt, beide Teile des Kreislaufs gegeneinander abgrenzt (ohne selbstverständlich die Funktion einer trennenden Grenzschicht zu erfüllen).

Es liegt auf der Hand, daß das Wettergeschehen den rückläufigen Teil des eben beschriebenen Kreislaufs in viel stärkerem Maße beeinflußt als den polwärts gerichteten Teil, der ja in größeren Höhen verläuft. Aus diesem Grunde kann man nicht von einem geschlossenen Rückfluß zum Äquator sprechen, vielmehr stellt sich dieser gemäß der jeweiligen Höhenwetterlage als eine Vielfalt von Luftbahnen dar.

Es liegt nun nahe, das in Abschnitt 12) statistisch formulierte Ergebnis im Rahmen der großräumigen Zirkulation als den Teil des Kreislaufs zu interpretieren, der in niedere Breiten zurückführt. Für die Beschreibung dieser Luftmassenverschiebungen in der unteren Stratosphäre ist, wie in Abschnitt 12) gezeigt wurde, die 100 mb-Fläche im Rahmen der Statistik repräsentativ. Die Bedeutung des 100 mb - Niveaus für den horizontalen Massenaustausch wird auch in Arbeiten von PENNDORF [1950] sowie MARTIN und BREWER [1959] hervorgehoben.

Das Ozon dient dabei als Tracer und bezeichnet die Herkunft des jeweils betrachteten Luftkörpers. Mißt man z.B. an einer Station in mittleren Breiten den Gesamtozonbetrag x_o, so kann man nach Abschnitt 12) unter Berücksichtigung der dort gezeigten jahreszeitlichen Abhängigkeit die geographische Breite angeben, aus der die Luft der unteren Stratosphäre stammt.

Bei allen diesen Überlegungen wurde vernachlässigt, daß außer dem betrachteten horizontalen Massenaustausch auch vertikale Transportvorgänge eine Rolle spielen, die ständig Ozon in tiefere Schichten und durch die Tropopause hindurch in die Troposphäre abfließen lassen. Das bodennahe Ozon, das bei idealer vertikaler Durchmischung der Troposphäre das troposphärische Ozon repräsentiert, zeigt, abgesehen von einer zeitlichen Verschiebung, eine ähnliche jahreszeitliche Abhängigkeit wie das Ozon der mittleren und unteren Stratosphäre. Der Massentransport durch die Tropopause hindurch ist breitenabhängig, und erreicht, wie Messungen der Zerfallsprodukte von Kernwaffenexplosionen gezeigt haben [NEWELL 1963], je nach Jahreszeit in Breiten zwischen $10°$ und $40°$, vermutlich an der Tropopausendiskontinuität, die höchsten Werte. Ein weiteres Maximum liegt in hohen Breiten um $80°$ herum. Die jahreszeitliche Abhängigkeit dieses Massenaustauschs zwischen Stratosphäre und Troposphäre ähnelt derjenigen des stratosphärischen Ozons: In den Monaten Februar bis April erreicht dieser Austausch ein Maximum und nimmt gegen ein Minimum im Herbst ab.

Das troposphärische Ozon hat keine lange Lebensdauer; durch Thermikströmungen gelangt es rasch in Bodennähe, wo es durch Oxydationsreaktionen abgebaut wird. Nach einer Abschätzung von DÜTSCH [1962] werden jährlich etwa 30 bis 40% des gesamten atmosphärischen Ozons in Bodennähe zerstört. Der Ozontransport durch die Tropopause hindurch stellt also eine wesentliche Senke des großräumigen Ozonkreislaufs dar.

Als zusätzliche Ozonquelle muß möglicherweise auch das Polargebiet selbst angesehen werden, vornehmlich im Frühjahr, wenn aufgrund eines starken meridionalen Temperaturgradienten dort abwärts gerichtete Luftströmungen auftreten. Diese verfrachten ständig Ozon aus der oberen in die untere Stratosphäre, wodurch es sich in der Höhe fotochemisch nachbilden kann. Es bleibt offen, welchen zusätzlichen Einfluß diese polare Ozonquelle auf den großräumigen Kreislauf hat.

Mit diesen sicherlich sehr vergröbernden Vereinfachungen läßt sich zusammenfassend ein großräumiger Ozonkreislauf wie folgt beschreiben:

13.

Aus einem Quellgebiet in der Äquatorzone, welches sich dort in etwa 28 bis 29 km Höhe befindet, wird durch eine meridionale Luftströmung ständig Ozon in hohe Breiten verfrachtet. Diese Strömung ist auf beiden Halbkugeln jeweils im Spätwinter und zu Beginn des Frühjahrs am stärksten und nimmt gegen den Herbst hin ab. Der Strom fällt gegen die Pole hin leicht ab und verbreitert sich dabei durch vertikale Turbulenz und Diffusion. Durch diesen polwärts gerichteten Ozonfluß stellt sich ein meridionaler Ozongradient ein, dessen Größe von der Stärke der Strömung abhängt, auf der Nordhalbkugel also im Spätwinter und Frühjahr die höchsten Werte erreicht.

Der rückläufige Teil des Kreislaufs findet in der unteren Stratosphäre statt entlang einer Vielfalt von Luftbahnen, welche von der jeweiligen Wetterlage abhängen. Durch ihn wird aus dem Reservoir, das der meridionale Ozongradient darstellt, Ozon zurück in niedere Breiten verfrachtet. In Höhen oberhalb von etwa 18 km herrscht die polwärts gerichtete Strömung vor, zwischen 18 km Höhe und der Tropopause vollzieht sich der meteorologisch beeinflußte Rückfluß in niedere Breiten. Entlang der verschlungenen Windbahnen wird das mitgeführte Ozon also lange Zeit knapp über der Tropopause hin- und hertransportiert. Dadurch geht durch vertikalen Austausch ständig Ozon an die Troposphäre verloren, wo es in Bodennähe zerstört wird. Hier liegt eine wesentliche Senke des Ozonkreislaufs.

Aus der Existenz eines solchen stratosphärischen Ozonkreislaufs muß man schließen:

a) Der Gesamtozonbetrag x_o an einer Station in mittleren Breiten setzt sich aus beiden Anteilen des soeben beschriebenen Kreislaufs zusammen. In der Tat zeigen die Monatsmittel von x_o den typischen Jahresgang, wie er sich auf Grund des polwärts gerichteten Teilstromes ergeben muß, während sich die Schwankungen von Tag zu Tag durch den in Abschnitt 12) beschriebenen rückläufigen Teil des Kreislaufs erklären lassen.

b) Die Schwankungsamplitude des Gesamtozonbetrages an einer Station mittlerer Breite ist jahreszeitabhängig entsprechend der jahreszeitlichen Abhängigkeit des meridionalen Ozongradienten.

c) Daraus folgt auch, daß der Gesamtozonbetrag nicht unter einen bestimmten Mindestwert absinken kann. Dieser Wert liegt nicht wesentlich unter 200 m atm-cm.

Es sei an dieser Stelle betont, daß sich die in Abschnitt 12) gezogenen Schlüsse und die daraus für den großräumigen Ozonkreislauf abgeleiteten Annahmen auf bislang recht beschränkte statistische Ergebnisse stützen. Die Erweiterung des Meßmaterials, vor allem aber die Durchführung gezielter synoptischer Radiosondenprogramme, sind für die Klärung vieler noch offener Fragen unumgänglich.

Das beschriebene Verfahren der Windbahnberechnung und die Korrelation zwischen Gesamtozonbetrag und Herkunft der Luft im 100 mb-Niveau bietet die Möglichkeit, mit Hilfe der inzwischen recht zahlreich anfallenden Gesamtozonwerte aus allen Regionen der Erde Teilfragen des großräumigen Ozontransports statistisch zu klären.

Zusammenfassung

Der erste Teil der vorliegenden Arbeit enthält die Beschreibung einer einfachen optischen Ozonradiosonde, welche die Ozonabsorption im sichtbaren Spektralbereich, in den Chappuisbanden, ausnutzt. Das Gerät mißt während des Aufstieges kontinuierlich die Intensität des direkten Sonnenlichtes in zwei durch Interferenzfilter ausgesonderten Spektralbereichen, in Bereich I um 6000 ÅE und in Bereich II um 4000 ÅE. Bereich I liegt im Maximum der Chappuisbanden, für Bereich II ist die Ozonabsorption zu vernachlässigen.

Es wurde gezeigt, daß im Gegensatz zum UV-Gebiet hier die Spektralbereiche I und II trotz endlicher Filterbreite wie einzelne Spektrallinien behandelt werden können, was die Auswertung stark erleichtert. Das Intensitätsverhältnis der beiden Spektralbereiche, das bei Fehlen des atmosphärischen Ozons nur von dem Gesetz der Rayleighstreuung abhängen würde, weicht von diesem beim Durchfliegen der Ozonschicht ab. Der Verlauf dieser Abweichungen mit der Höhe gestattet die Berechnung des jeweiligen Ozonprofils.

Der technische Aufbau der neuen Sonde ist einfach:

Das direkte Sonnenlicht fällt aus Sonnenhöhen zwischen 30° und 10° auf eine horizontale Mattscheibe, unter welcher die beiden Interferenzfilter und Hochvakuumfotozellen angeordnet sind. Eine undurchsichtige Kreisscheibe über der Optik schirmt alles diffuse Streulicht aus Winkeln über 30° über dem Horizont ab. Dadurch ist in Höhen oberhalb 5 km der Anteil des störenden Streulichts zu vernachlässigen. Zum Ausgleich von räumlichen Asymmetrien wird das Gerät durch eine Luftschraube um die senkrechte Achse gedreht.

Die Fotoströme, welche das direkte Sonnenlicht im Bereich I und Bereich II erzeugt, steuern geeignet dimensionierte Glimmlampenkippkreise. Die hierdurch erzeugten Entladeimpulse schalten über je zwei Multivibratorstufen Tonfrequenzgeneratoren für 1300 Hz (Bereich I) und 1700 Hz (Bereich II) ein und aus. Der einstufige UKW-Sender wird mit diesen Tönen durch eine Kapazitätsdiode frequenzmoduliert. Die Zahl der Schaltungen pro Zeiteinheit ist in jedem der beiden Kanäle der Lichtintensität des betreffenden Spektralbereiches proportional.

Zur Temperaturmessung dient ein Heißleiter, dessen veränderlicher Widerstand die Zeitkonstante eines weiteren Kippkreises bestimmt. Die Entladeimpulse dieses Kreises tasten über einen Multivibrator einen Tonfrequenzgenerator für 730 Hz.

Der Luftdruck wird mit Hilfe einer Leiterdruckdose gemessen, die nach einem bestimmtem Code einen Tonfrequenzgenerator für 960 Hz und - zusätzlich zur Temperatur - den 730 Hz-Oszillator schaltet.

In der Bodenstation werden die vier in der Sonde benutzten Tonfrequenzkanäle durch Filter wieder voneinander getrennt. Mit Hilfe einer besonderen Zähl-Druckapparatur wird etwa alle 25 Sekunden ein Wert des Intensitätsverhältnisses beider Spektralbereiche direkt ausgedruckt.

Die beschriebene Ozonsonde mißt das stratosphärische Ozonprofil bis in knapp 30 km Höhe mit einer Genauigkeit von ± 10 %. Das troposphärische Ozon wird nur im Falle ausgeprägter Konzentrationsmaxima unterhalb der Tropopause mit etwa ± 20 % Fehler meßbar.

Es wurde eine Vergleichsmessung der neuen Sonde mit einem erprobten Gerät durchgeführt. Die gute Übereinstimmung der gemessenen Ozonprofile beider Geräte stellt die Funktionstüchtigkeit der neuen optischen Ozonsonde unter Beweis.

Die Ozonprofile von etwa 25 durchgeführten erfolgreichen Aufstiegen sind in Anhang 2) zusammengestellt.

Im zweiten Teil dieser Arbeit wurden, ausgehend von den Ergebnissen der ersten Aufstiege mit der neuen Ozonsonde, Zusammenhänge zwischen dem Ozongehalt der unteren Stratosphäre und der Herkunft der Luft dieser Schichten mit statistischen Methoden untersucht.

Zur Bestimmung der Herkunft der Luft wurden die Windbahnen berechnet, entlang welcher die Luft im 100 mb-Niveau über den betreffenden Ozonstationen mittlerer Breite eingeströmt war. Die mittlere geographische Breite, in welcher sich ein betrachteter Luftkörper in den letzten 6 Tagen vor seinem Eintreffen am Meßort aufgehalten hatte, zeigt eine gesicherte Korrelation mit dem Gesamtozonbetrag, dessen Variationen im wesentlichen von dem Ozon der unteren Stratosphäre herrühren. Der Regressionskoeffizient spiegelt den Wert des Nord-Süd-Gradienten des Gesamtozons, welcher aus Meßwerten von 65 Ozonstationen berechnet wurde, und zeigt die gleiche jahreszeitliche Abhängigkeit wie dieser.

Die außer Lindau untersuchten Ozonstationen sind Belsk (Polen), Arosa (Schweiz) und Goose Bay (Kanada). Die Werte des Gesamtozonbetrages zeigen an allen drei Stationen die gleiche Abhängigkeit von der Herkunft der Luft im 100 mb-Niveau.

Im letzten Abschnitt wurde versucht, dieses Ergebnis im Rahmen eines großräumigen Ozonkreislaufs zu interpretieren.

Die vorstehende Arbeit wurde im Institut für Stratosphärenphysik am Max-Planck-Institut für Aeronomie angefertigt.

In besonderer Dankbarkeit gedenke ich meines verstorbenen Lehrers, Herrn Professor Dr. Julius Bartels, der mir als Direktor in großzügiger Weise die Arbeit am Institut ermöglichte und zahlreiche wertvolle Hinweise über statistische Verfahren gab.

Herrn Dr. G. Pfotzer und Herrn Professor Dr. A. Ehmert, der diese Arbeit anregte und ihren Fortgang mit wertvollen Ratschlägen betreute, bin ich sehr dankbar, daß ich auch unter ihrer Institutsleitung die Arbeit am Institut fortführen und vollenden durfte.

Herr Professor Ehmert erläuterte mir in zahlreichen Diskussionen seine Vorstellungen über das atmosphärische Ozon und ermöglichte mir die notwendigen Meßfahrten. Ich möchte ihm an dieser Stelle dafür meinen besonderen Dank abstatten.

Vielen Mitarbeitern des Instituts, die mir beim Bau der Sonden, bei der Durchführung der Ballonaufstiege und den Auswertungen behilflich waren, danke ich herzlichst, insbesondere auch den Mitarbeitern in der feinmechanischen Werkstatt.

Herrn Professor Dr. H. U. Dütsch danke ich herzlich für den regen Gedankenaustausch bei meinem Besuch in Zürich sowie die freundliche Überlassung der Ozonmeßwerte von Arosa und Belsk.

Literaturverzeichnis

BOWEN, G., and V.H. REGENER: On the automatic chemical determination of atmospheric ozone. - J. Geophys. Res. 56, 307-324 (1951)

BREWER, A.W., and J.R. MILFORD: The Oxford-Kew ozonesonde. - Proc. Roy. Soc. A, 256, 470-495 (1960)

BREWER, A.W., H.U. DÜTSCH, J.R. MILFORD, M. MIGEOTTE, H.K. PAETZOLD, F. PISCALAR et E. VIGROUX: Distribution verticale de l'ozone atmosphérique. Comparaison de diverses méthodes. - Ann. Geophys. 16, 196-222 (1960)

COBLENTZ, W.W. and R. STAIR: Distribution of ozone in the stratosphere. - J. Res. of the National Bureau of Standards 22, 573-606 (1939)

DÜTSCH, H.U.: Vertical ozone distribution over Arosa from three years routine observation of the Umkehr effect. - Lichtklimatisches Observatorium Arosa, (1959)

DÜTSCH, H.U.: Mittelwerte und wetterhafte Schwankungen des atmosphärischen Ozongehaltes in verschiedenen Höhen über Arosa. - Arch. Meteorol. Geophys. Bioklimatol., Serie A, 13, 167-185 (1962)

DÜTSCH, H.U.: Vertical ozone distribution over Arosa. - Technical Report Nr. 2, (National center for atmospheric research), Boulder, Col. (1964a)

DÜTSCH, H.U.: World wide ozone distribution at different levels and variation with season from "Umkehr" observations. - (NCAR) Boulder, (1964b)

DÜTSCH, H.U.: Vertical ozone distribution over Arosa. - Final Report, (NCAR) Boulder, (1965a)

DÜTSCH, H.U.: Ergebnisse der Ozonmessungen in Belsk und Arosa 1965. - Vorabdruck (unveröffentlicht) Zürich (1965b)

DÜTSCH, H.U.: Two years of regular ozone soundings over Boulder, Col. - (NCAR technical notes) Boulder, (1966)

DÜTSCH, H.U. and C.L. MATEER: The vertical distribution of ozone, addendum Nr. 2. - (NCAR) Boulder, (1964)

EHMERT, A.: Über den Ozongehalt der unteren Atmosphäre bei winterlichem Hochdruckwetter nach Messungen. - Ber. Dtsch. Wetterd. US-Zone, Nr. 11, 63-66 (1949a)

EHMERT, A.: Ein einfaches Verfahren zur Messung kleinster Jod- und Natriumthiosulfatmengen in Lösungen. - Z. Naturforschung $4b$, 321-327 (1949b)

EHMERT, A.: Ein einfaches Verfahren zur absoluten Messung des Ozongehaltes von Luft. - Meteorol. Rdsch. 4, 64-68 (1951)

EHMERT, A.: Gleichzeitige Messungen des Ozongehaltes erdnaher Luft an mehreren Stationen mit einem einfachen Verfahren. - J. Atmosph. a. Terrest. Physics 2, 189-195 (1952)

EHMERT, A. und H. EHMERT: Über den Tagesgang des bodennahen Ozons. - Ber. d. Dtsch. Wetterd. in der US-Zone Nr. 11, 58-62 (1949a)

EHMERT, A. und H. EHMERT: Über die chemische Bestimmung des Ozongehaltes der Luft. - Bericht d. Dtsch. Wetterd. in der US-Zone Nr. 11, 67-71 (1949b)

GLÜCKAUF, E., H.G. HEAL, G.R. MARTIN, and F.A. PANETH: A method for the continuous measurement of the local concentration of atmospheric ozone. - J. of the Chemical Soc. London, 1-4 (1944)

GODSON, W.L.: Total ozone and the middle stratosphere over arctic and sub-arctic areas in winter and spring. - Quart. J. Roy. Meteorol. Soc. 86, 301-317 (1960)

HERING, W.S. and T.R. BORDEN, jr.: Mean distributions of ozone density over North America, 1963-64. - Air Force Cambridge Research Laboratories, AFCRL-65-913, Nr. 162, Bedford Mass. (1965)

JOHNSON, F.S., J.D. PURCELL, and R. TOUSEY: Measurement of the vertical distribution of atmospheric ozone from rockets. - J. of Geophys. Res. 56, 583-594 (1951)

JOHNSON, F.S., J.D. PURCELL, R. TOUSEY, and K. WATANABE: Measurement of the vertical distribution of atmospheric ozone to 70 km altitude. - J. Geophys. Res. 57, 157-176 (1952)

KULCKE, W. :	Über eine Radiosonde zur Bestimmung der vertikalen Verteilung des atmosphärischen Ozons. - Dissertation TH-Stuttgart (1956)
KULCKE, W. und H.K. PAETZOLD:	Über eine Radiosonde zur Bestimmung der vertikalen Ozonverteilung. - Ann. Meteorol. 8, 47-53 (1957)
MARTIN, D.W. and A.W. BREWER:	A synoptic study of day-to-day changes of ozone over the British Isles. - Quart. J. Roy. Soc., 85, 393-403 (1959)
METEOROLOGICAL SERVICE OF CANADA:	Ozone data for the world 1960-64. - Department of transport, meteorolog. branch, Toronto 1964, 65, 66
MOSER, H. :	Ozon und Wetterlage, Ber. Dtsch. Wetterd. US-Zone Nr. 11, 28-37 (1949)
NEWELL, R.E. :	Transfer through the tropopause and within the stratosphere. - Quart. J. Roy. Meteorol. Soc. 89, 167-204 (1963)
PAETZOLD, H.K. und E. REGENER:	Ozon in der Erdatmosphäre. - Handbuch der Physik XLVIII, 370-426 (1957)
PENNDORF, R. :	Das Absorptionsspektrum des Ozons. - Veröff. Geophys. Inst. Leipzig 8, (Heft 4), (1936)
PENNDORF, R. :	Ozon und Wetter II. - Meteorol. Rdsch. 3, 49-54 (1950)
PRUCHNIEWICZ, P.G. :	Automatische Registrierung des Ozongehaltes bodennaher Luft. - Diplomarbeit Göttingen (unveröffentlicht), (1965)
REGENER, E. und V.H. REGENER:	Aufnahmen des ultravioletten Sonnenspektrums in der Stratosphäre und vertikale Ozonverteilung. - Physik. Z. 35, 788-793 (1934)
REGENER, V.H. :	Messungen des Ozongehaltes der Luft in Bodennähe. - Meteorol. Z. 55, 459-462 (1938a)
REGENER, V.H. :	Neue Messungen der vertikalen Verteilung des Ozons in der Atmosphäre. - Z. für Physik 109, 642-670 (1938b)
REGENER, V.H. :	Vertical distribution of atmospheric ozone. - Nature 167, 276-277 (1951)
REGENER, V.H. :	On a sensitive method for the recording of atmospheric ozone. - J. Geophys. Res. 65, 3975-77 (1960)
STAIR, R., T.C. BAGG, and R.G. JOHNSON:	Continuous measurements of atmospheric ozone by automatic photoelectric method. - Journ. Res. of the N.B.S. 52, 135-139 (1954)
TEICHERT, F. :	Erfahrungen mit chemischen Ozonmeßmethoden. - Z. Meteorol. 6, 132-138 (1952)
VASSY, A. :	Coefficients d'absorption de l'ozone dans la région des bandes de Chappuis. - C.R. Acad. Sci. Paris 206, 1638-1639 (1938)
WAIBEL, E. :	Eine Ballonsonde zur Messung von Röntgenstrahlung und solarer Ultrastrahlung. - Mitteilungen aus dem MPI für Aeronomie Nr. 10 (1963)

ANHANG 1

Schaltbilder der Ozonradiosonde

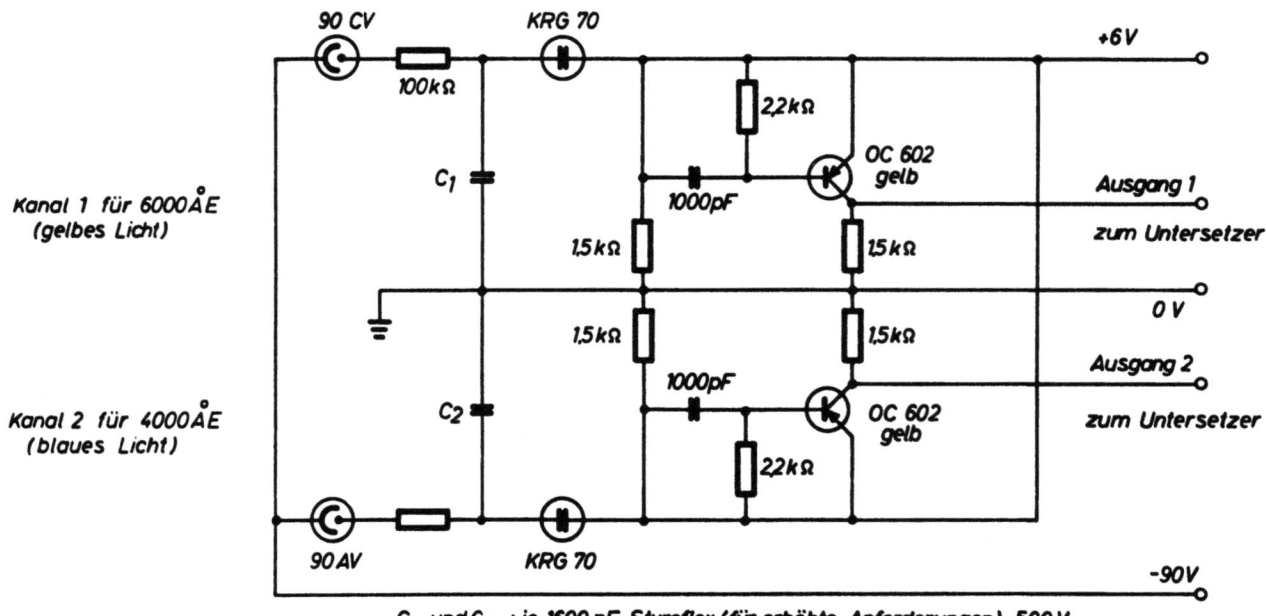

Vorstufen der Ozonradiosonde (Fotozellen, Impulsgeber u. Impulsformer)

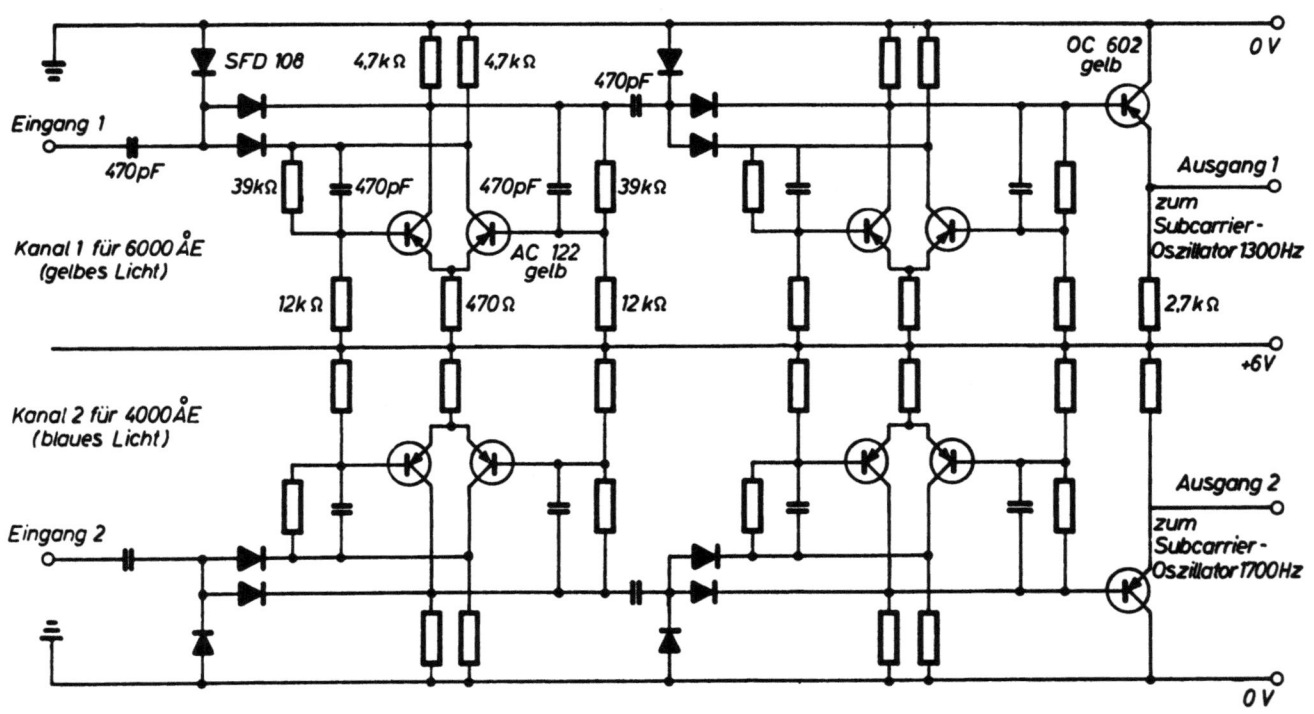

Untersetzer- und Schaltstufen der Ozonradiosonde

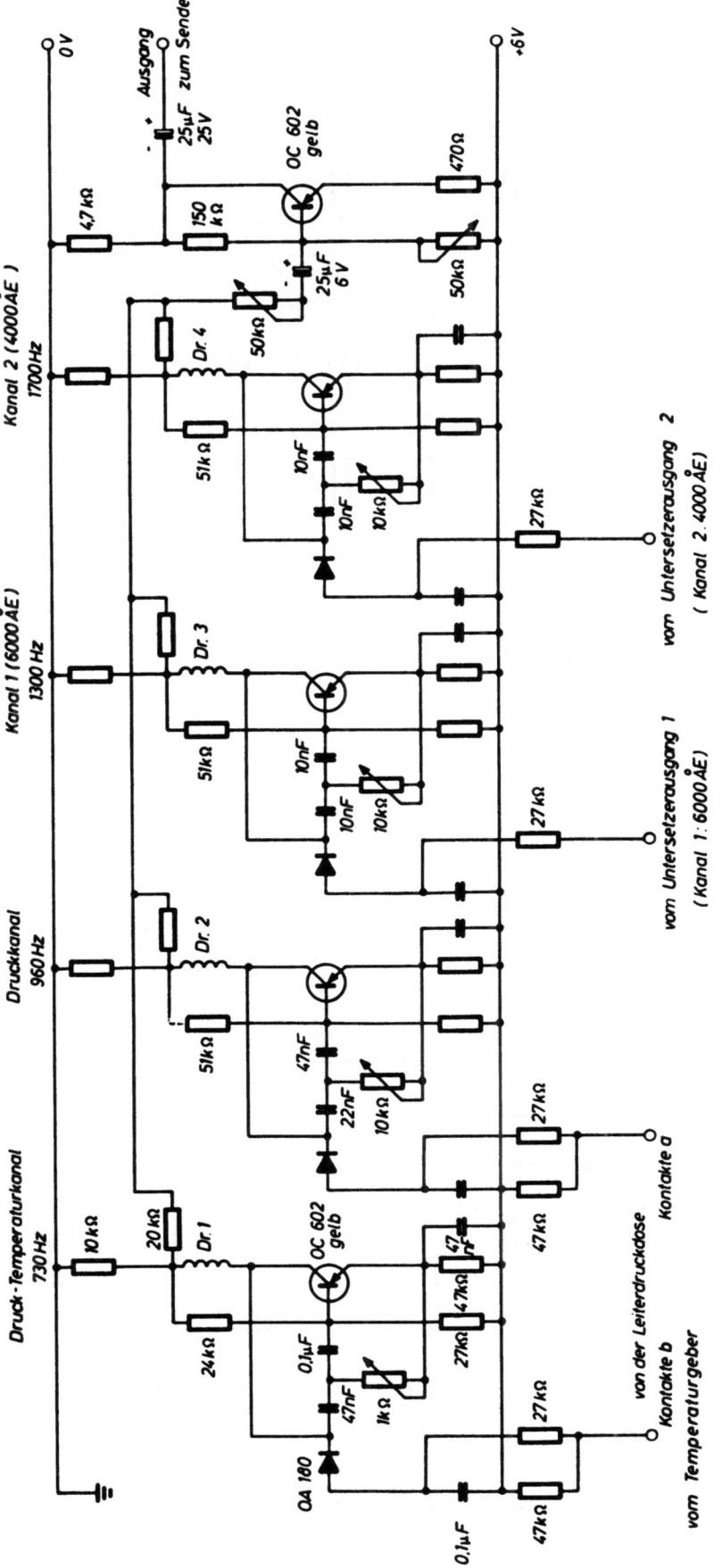

Subcarrier - Oszillatoren und Amplitudenregelstufe der Ozonsonde

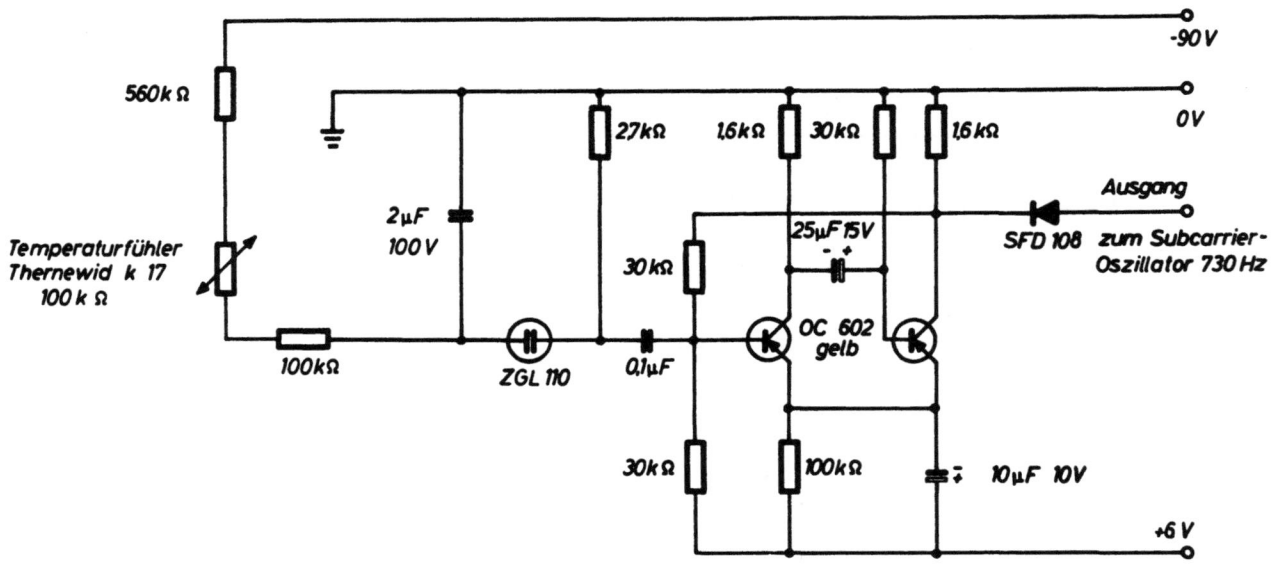

Temperaturmeßstufe der Ozonradiosonde

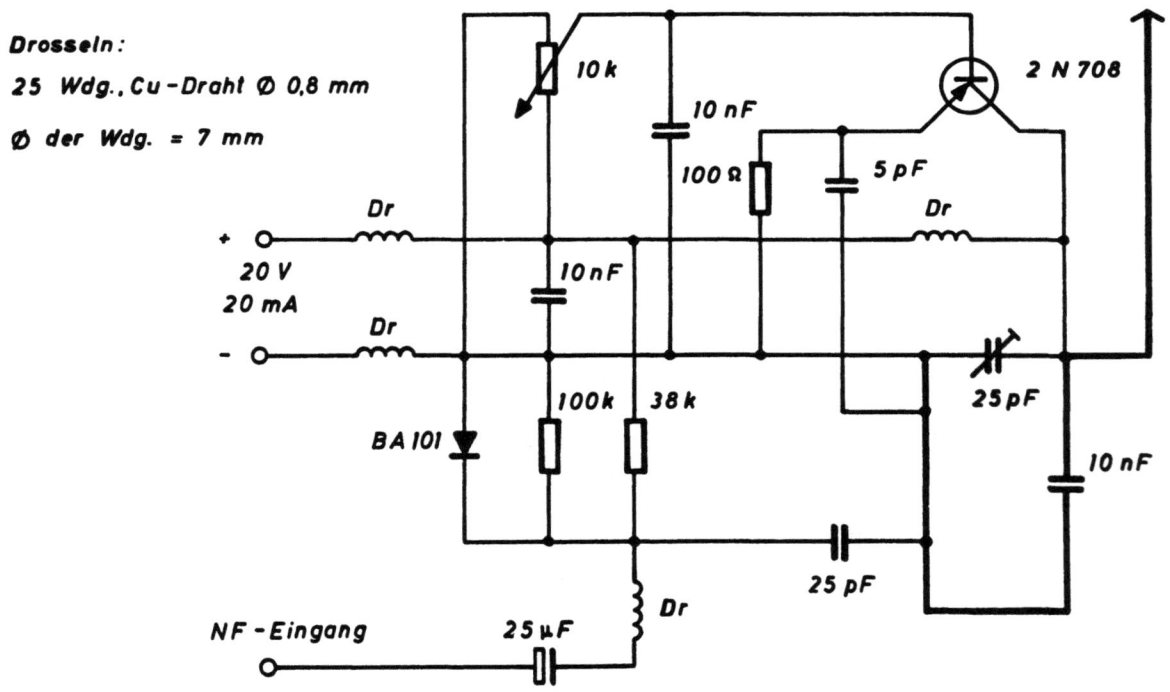

Sondensender 136 MHz

ANHANG 2

Ozonogramme der Lindauer Aufstiege

(Ozonagrams)

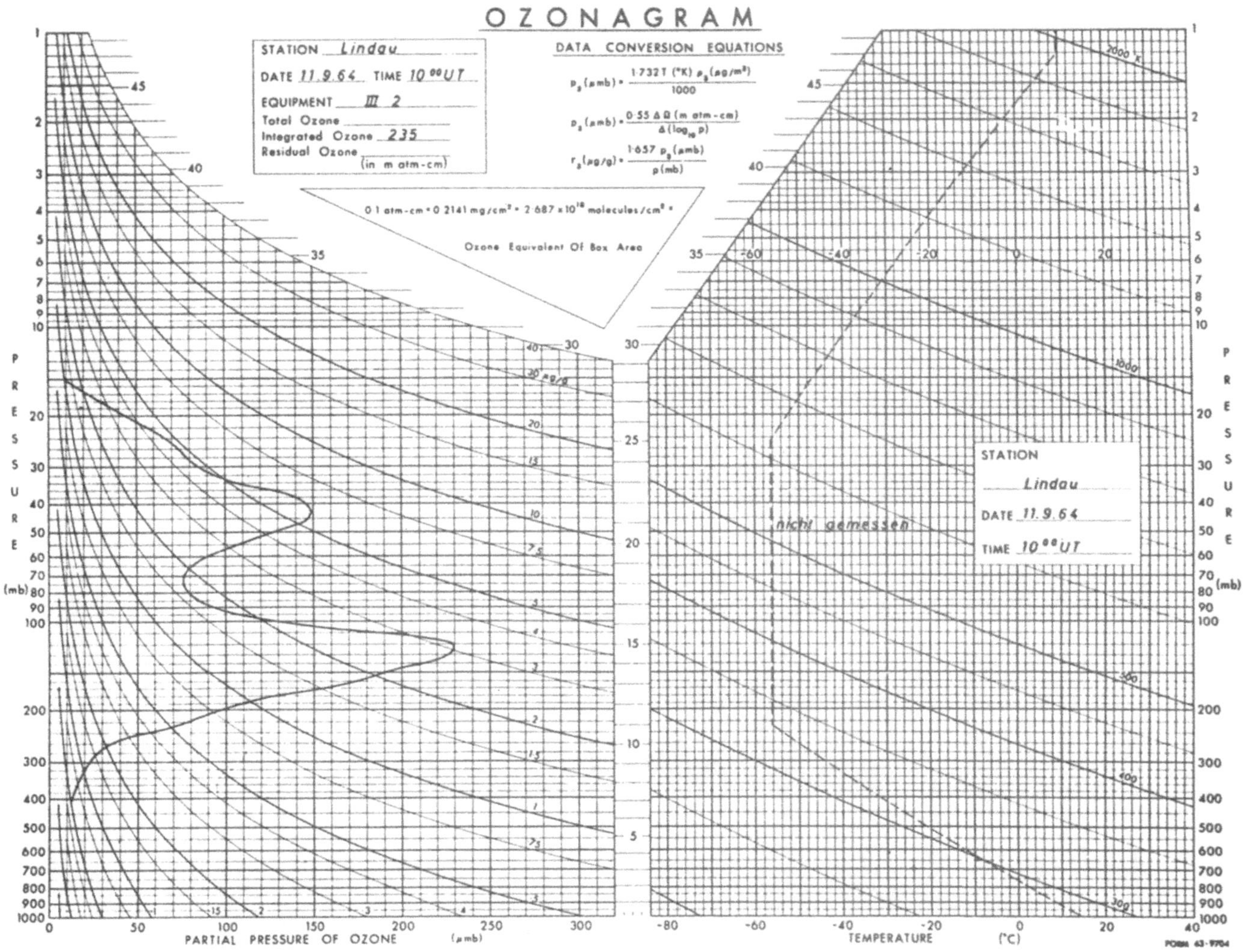

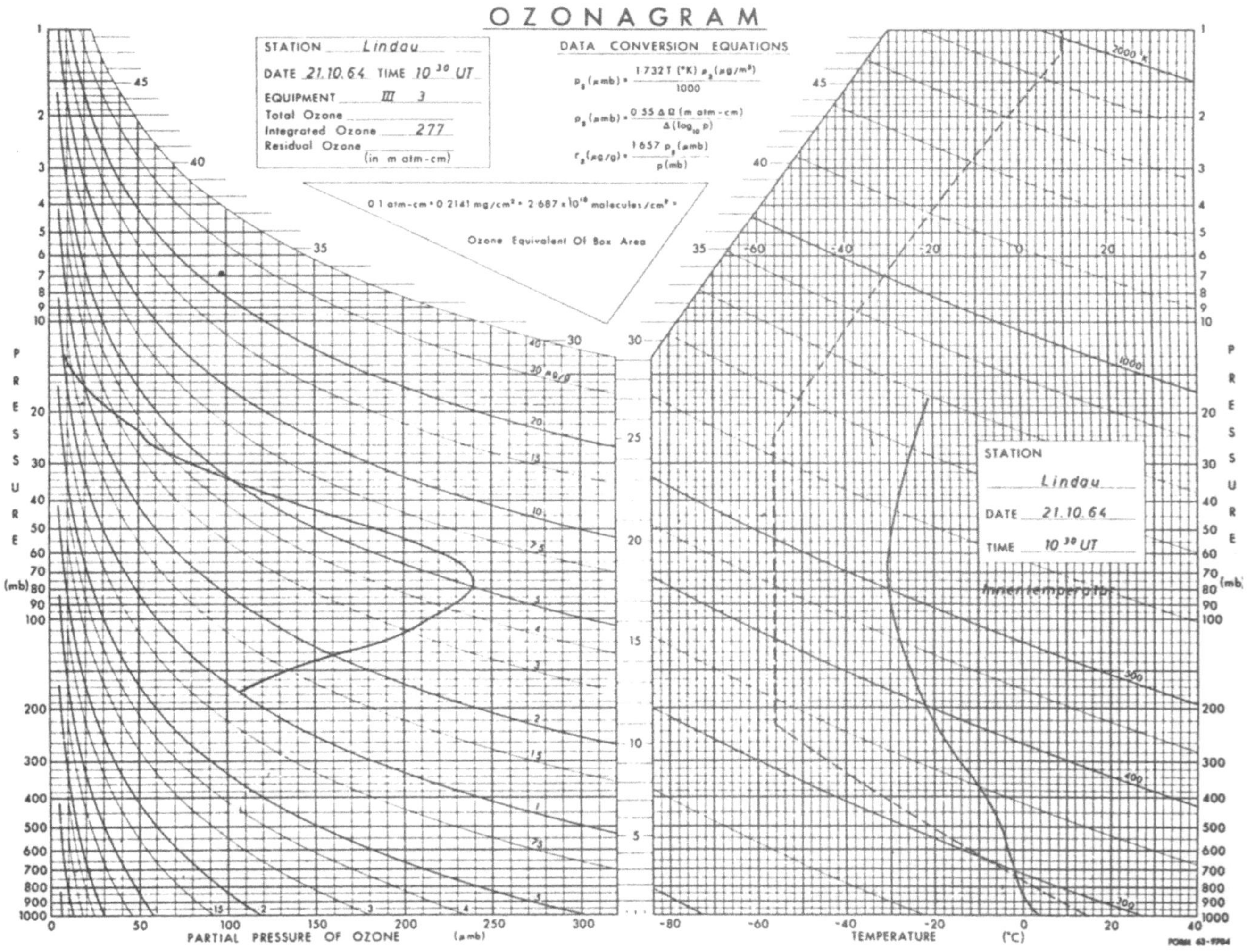

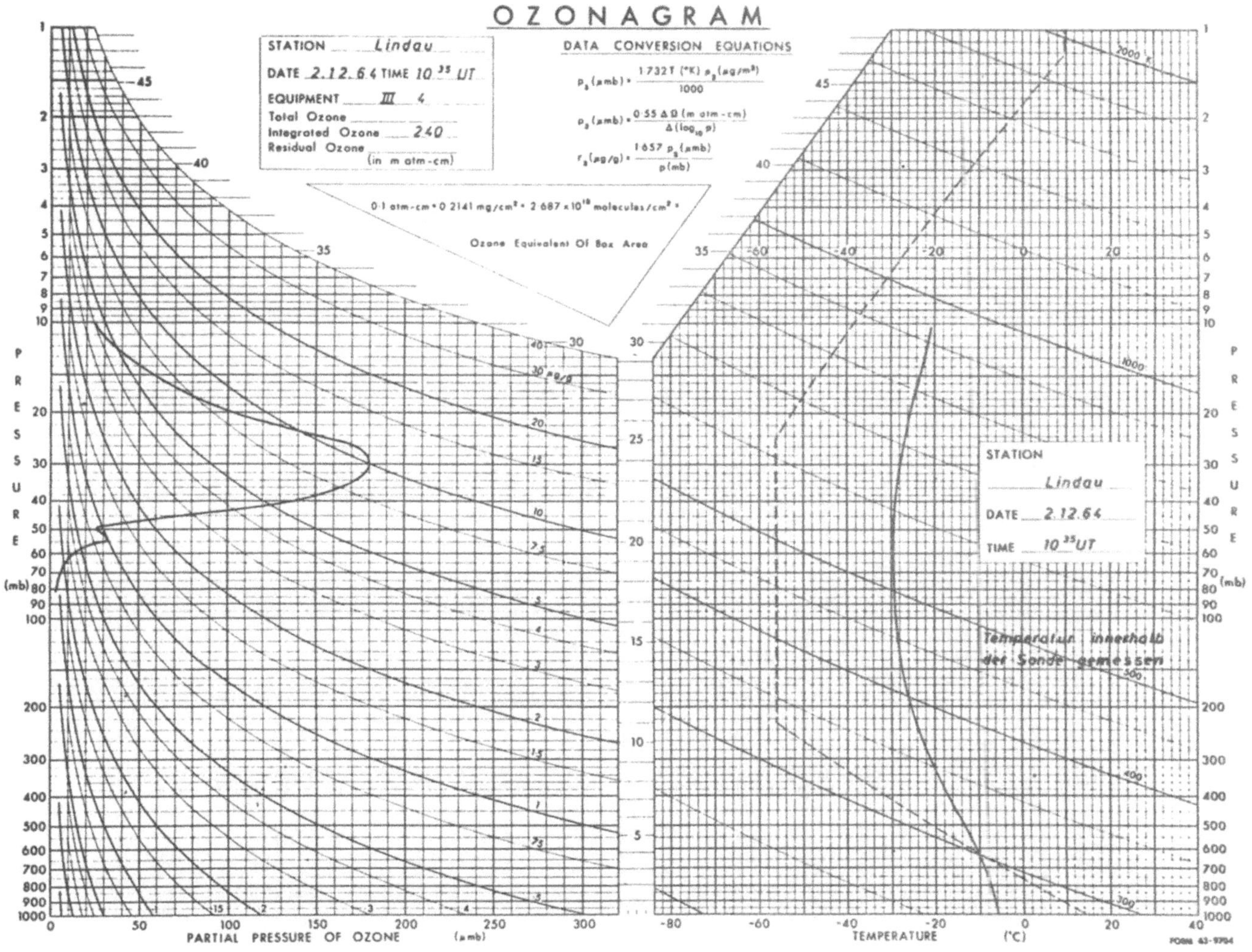

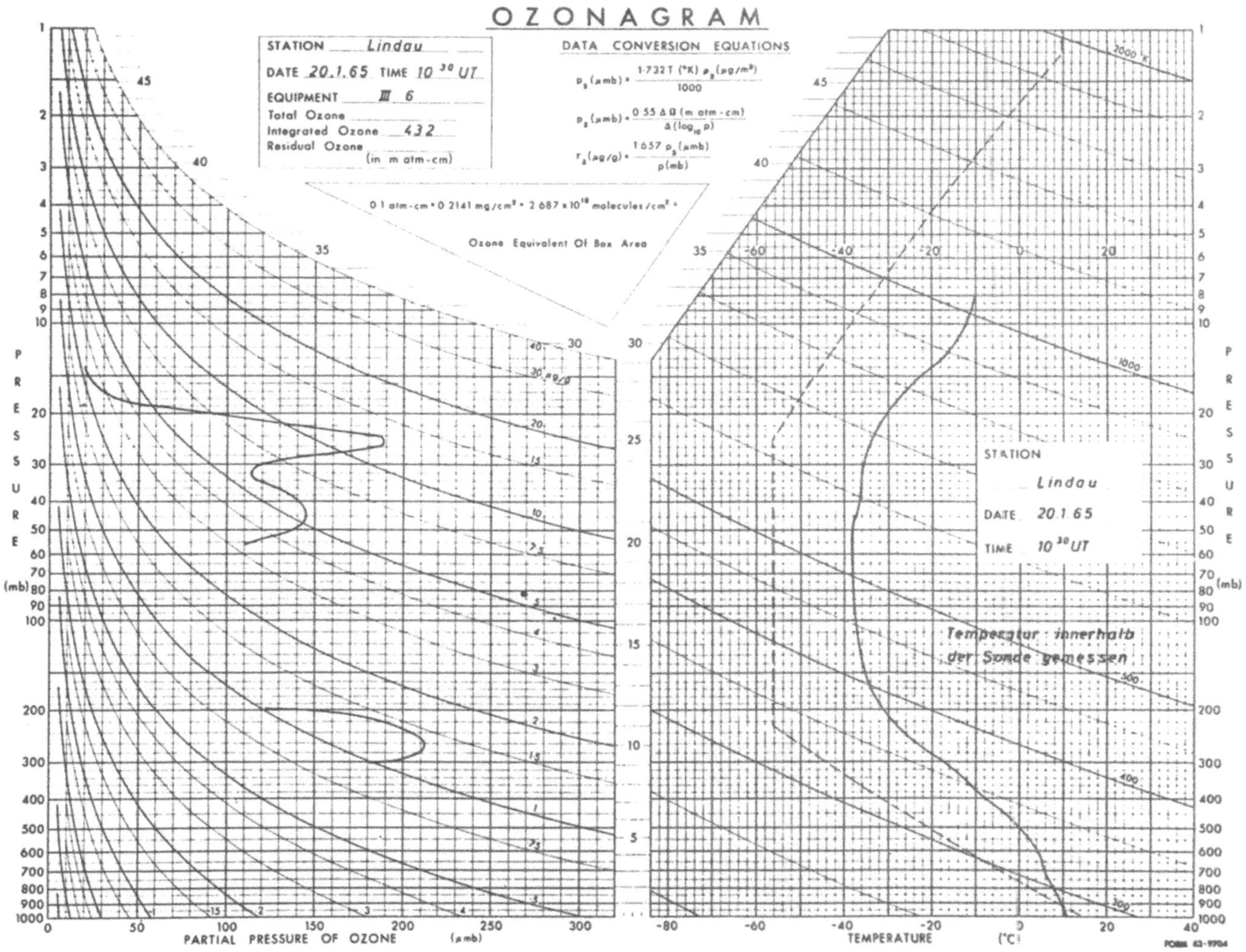

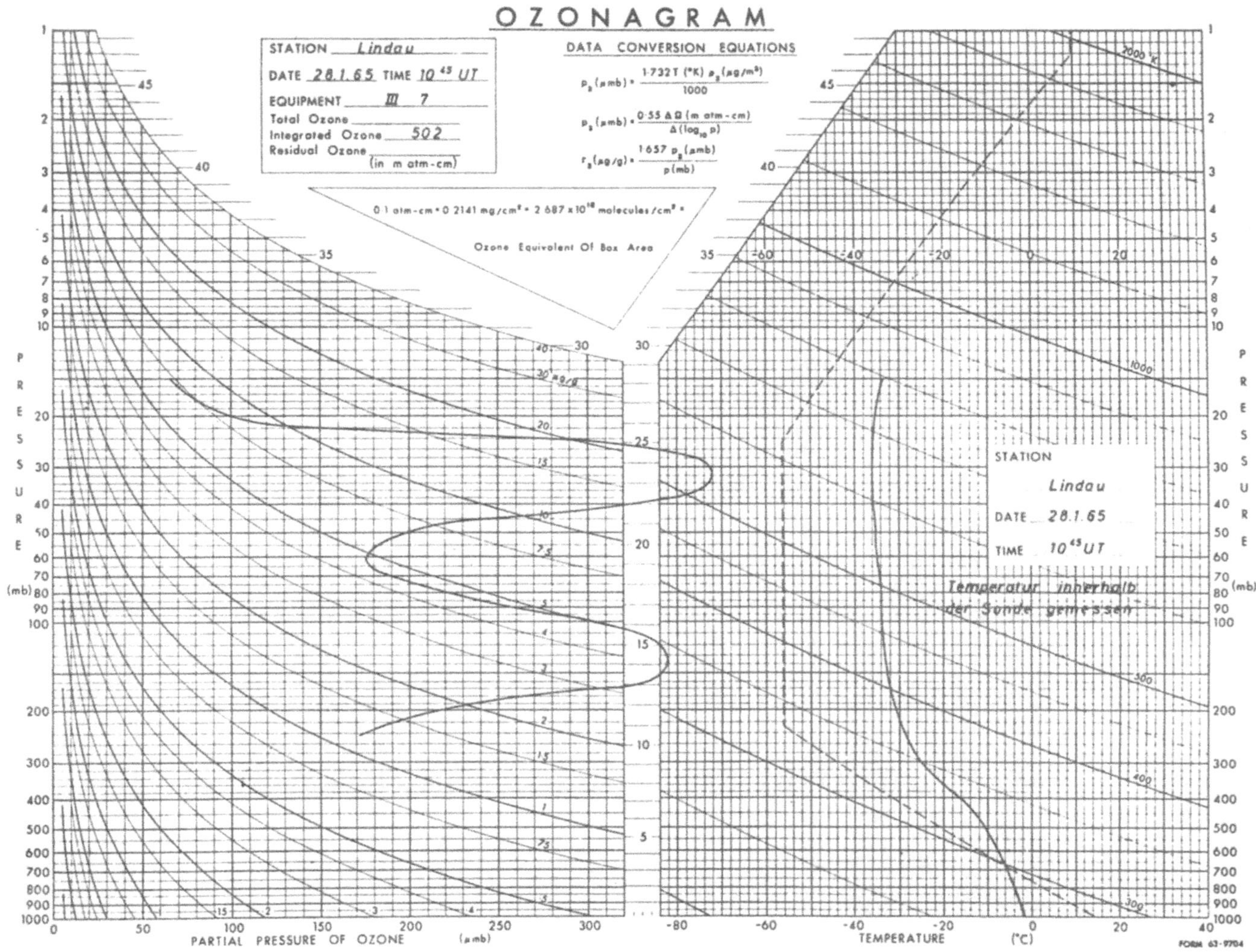
OZONAGRAM
STATION Lindau
DATE 28.1.65 TIME 10 45 UT
EQUIPMENT III 7
Total Ozone
Integrated Ozone 502
Residual Ozone (in m atm-cm)
DATA CONVERSION EQUATIONS
$p_3(\mu mb) = \frac{1.732\,T\,(°K)\,\rho_3(\mu g/m^3)}{1000}$
$p_3(\mu mb) = \frac{0.55\,\Delta\Omega\,(m\ atm\text{-}cm)}{\Delta(\log_{10} p)}$
$r_3(\mu g/g) = \frac{1.657\,p_3(\mu mb)}{p(mb)}$
0.1 atm-cm = 0.2141 mg/cm² = 2.687 x 10¹⁸ molecules/cm² = Ozone Equivalent Of Box Area
STATION Lindau
DATE 28.1.65
TIME 10 45 UT
Temperatur innerhalb der Sonde gemessen
PRESSURE (mb)
PARTIAL PRESSURE OF OZONE (μmb)
TEMPERATURE (°C)
FORM 63-9704

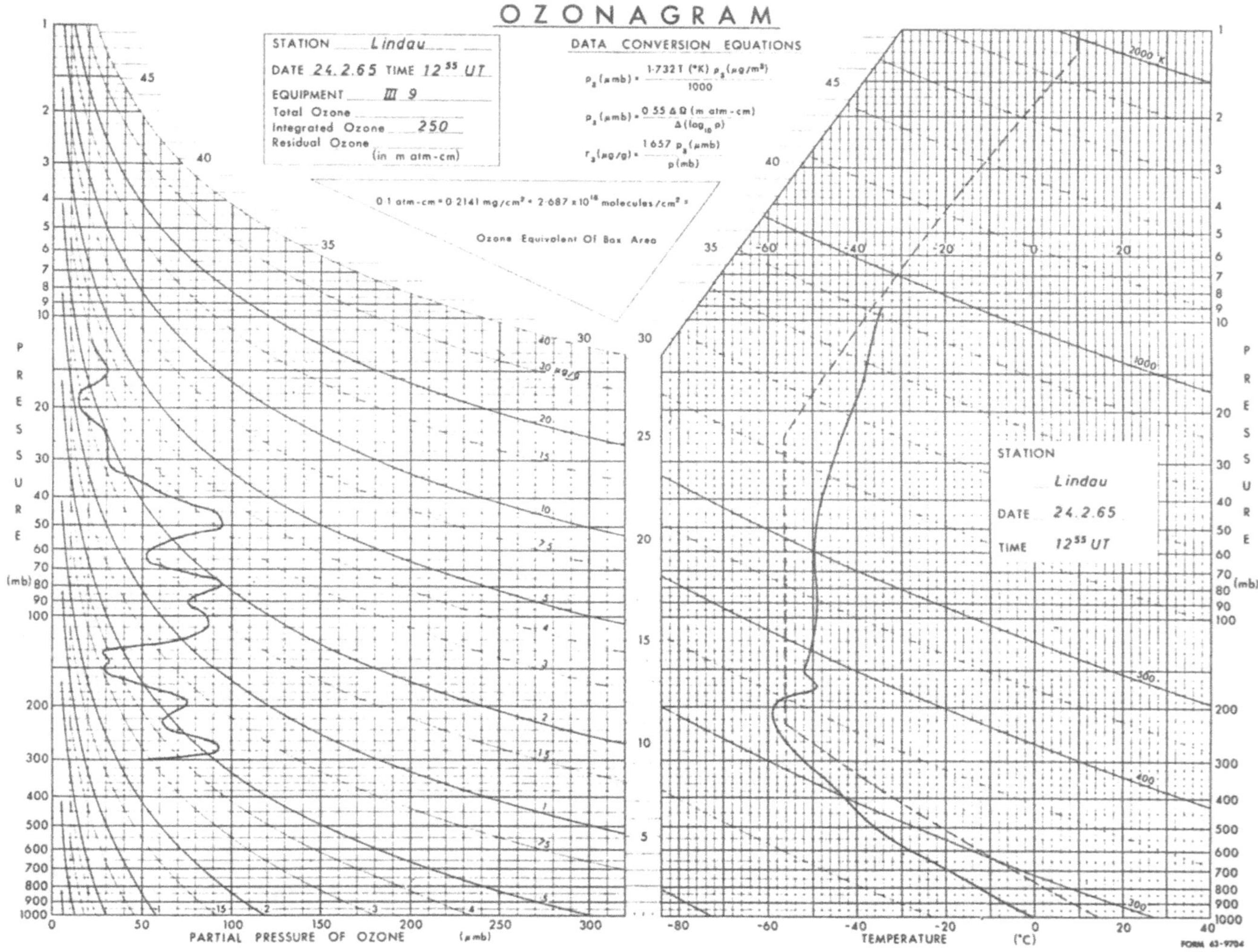
OZONAGRAM
STATION Lindau
DATE 24.2.65 TIME 12 55 UT
EQUIPMENT III 9
Total Ozone
Integrated Ozone 250
Residual Ozone (in m atm-cm)
DATA CONVERSION EQUATIONS
$p_3(\mu mb) = \frac{1.732\,T\,(°K)\,\rho_3(\mu g/m^3)}{1000}$
$p_3(\mu mb) = \frac{0.55\,\Delta\Omega\,(m\ atm\text{-}cm)}{\Delta(\log_{10} p)}$
$r_3(\mu g/g) = \frac{1.657\,p_3(\mu mb)}{p(mb)}$
0.1 atm-cm = 0.2141 mg/cm² = 2.687 x 10¹⁸ molecules/cm² = Ozone Equivalent Of Box Area
STATION Lindau
DATE 24.2.65
TIME 12 55 UT
PRESSURE (mb)
PARTIAL PRESSURE OF OZONE (μmb)
TEMPERATURE (°C)
FORM 63-9704

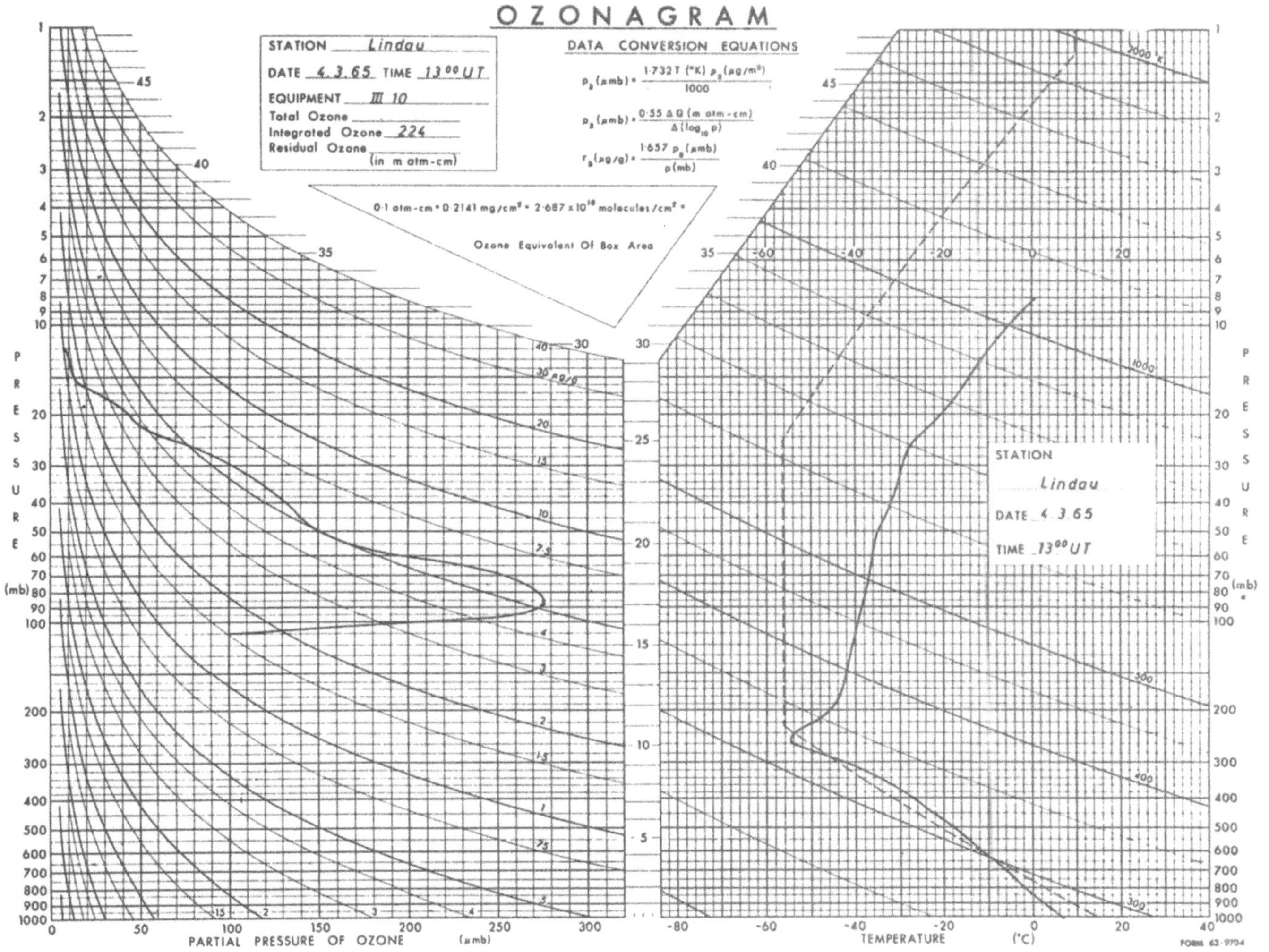

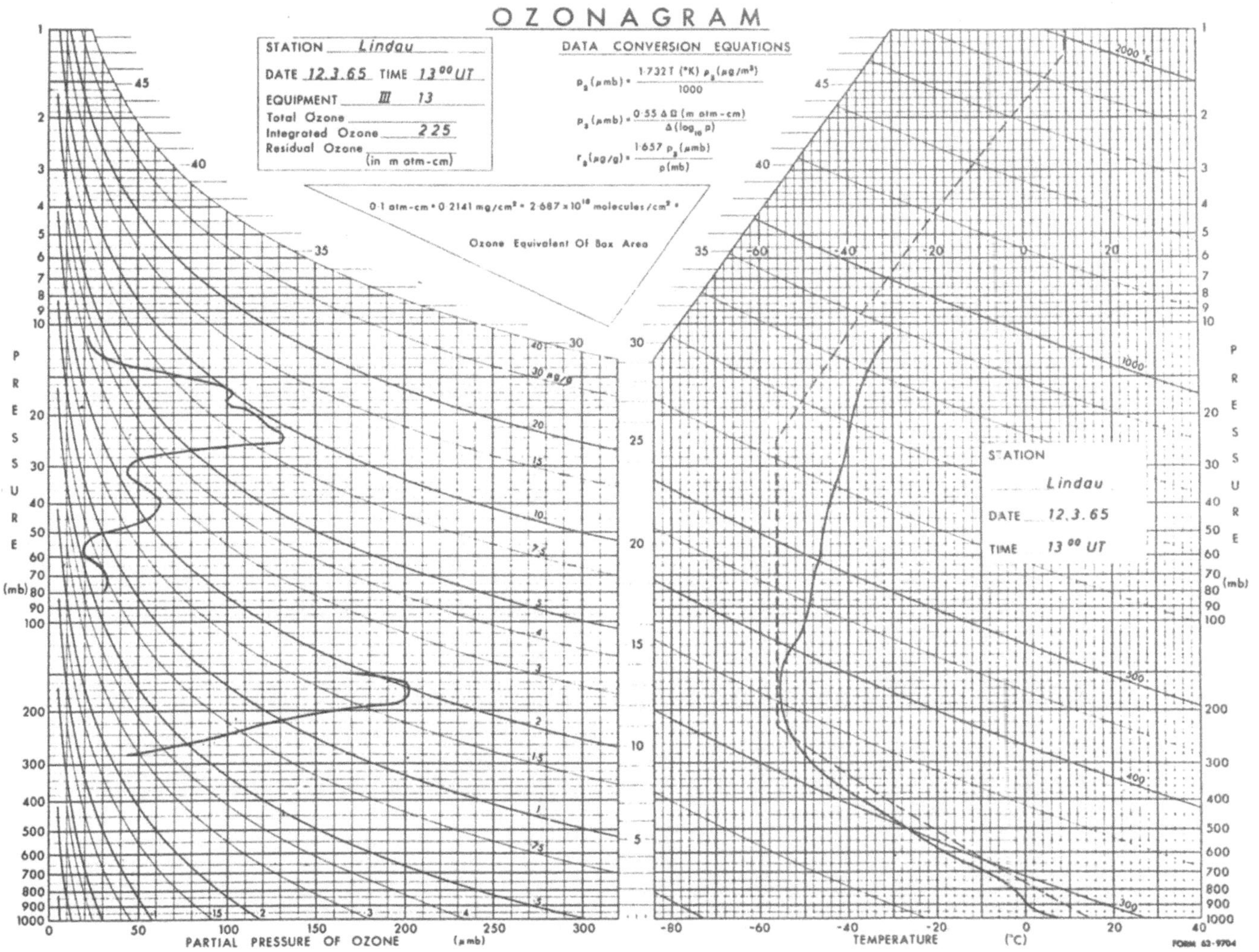

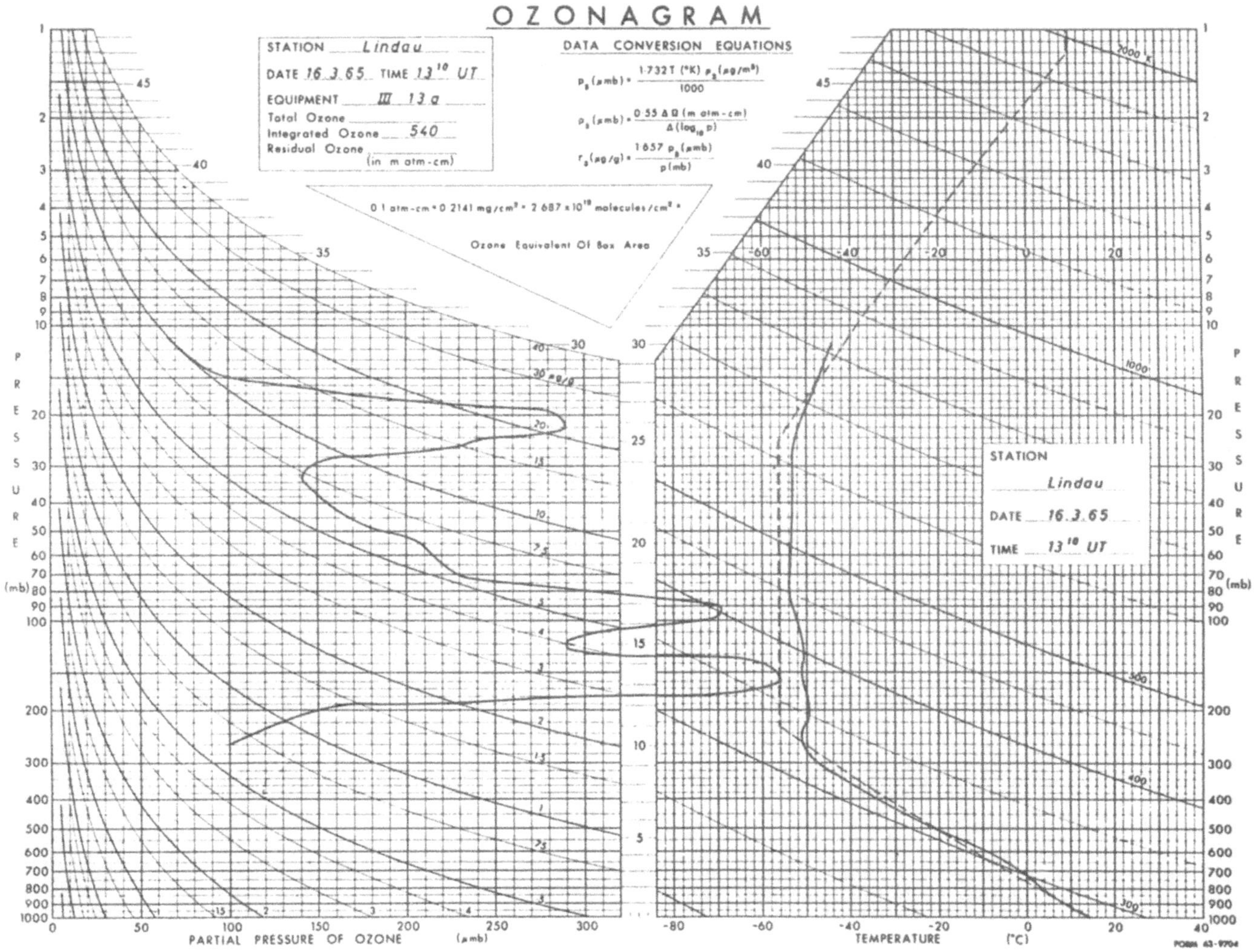

OZONAGRAM

STATION _Lindau_
DATE _16.3.65_ TIME _13¹⁰ UT_
EQUIPMENT _III 13 a_
Total Ozone
Integrated Ozone _540_
Residual Ozone
(in m atm-cm)

DATA CONVERSION EQUATIONS

$$p_3(\mu mb) = \frac{1.732\,T(°K)\,\rho_3(\mu g/m^3)}{1000}$$

$$p_3(\mu mb) = \frac{0.55\,\Delta\Omega\,(m\,atm-cm)}{\Delta(\log_{10} p)}$$

$$r_3(\mu g/g) = \frac{1.657\,p_3(\mu mb)}{p(mb)}$$

0.1 atm-cm = 0.2141 mg/cm² = 2.687 × 10¹⁸ molecules/cm² =
Ozone Equivalent Of Box Area

STATION _Lindau_
DATE _16.3.65_
TIME _13¹⁰ UT_

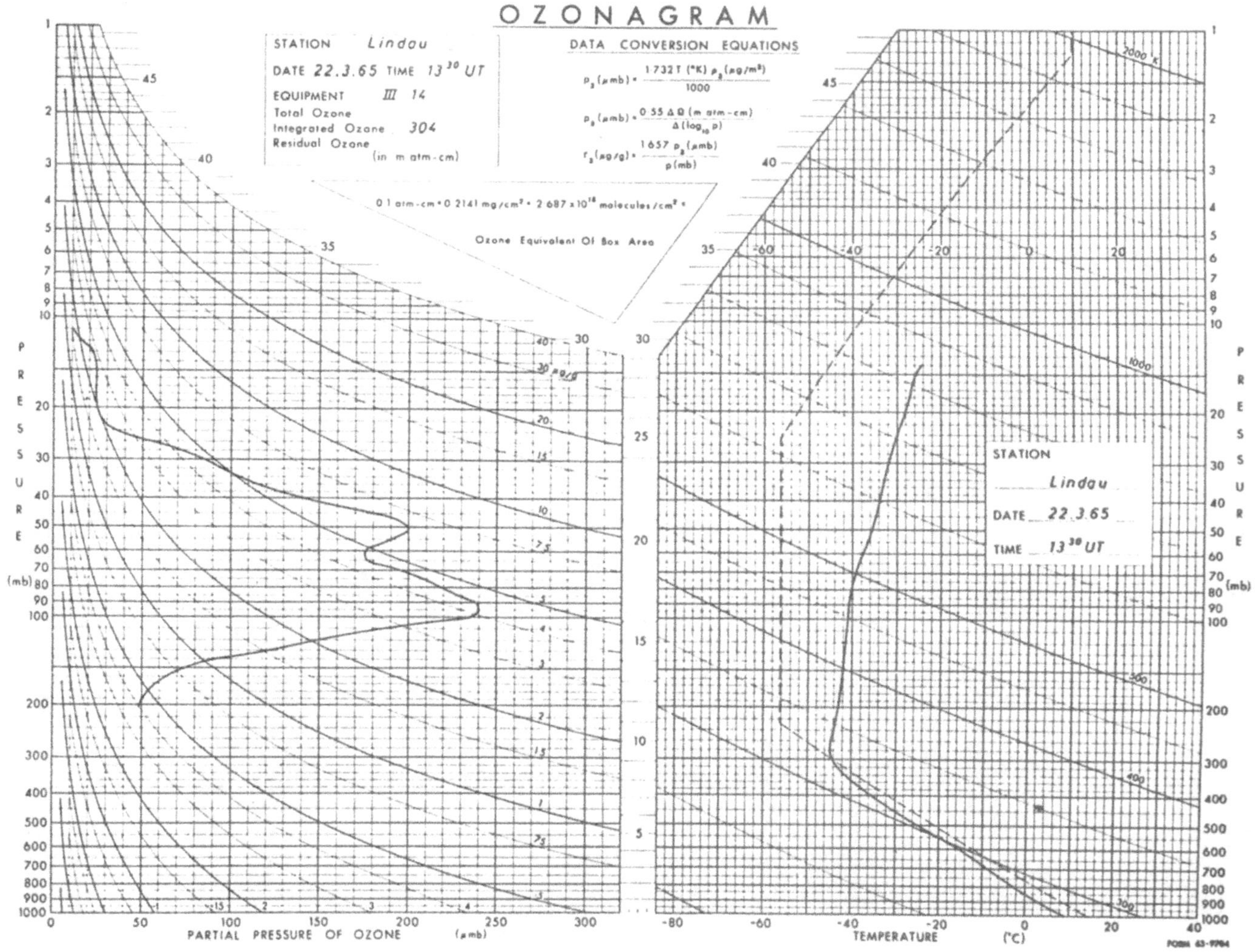

OZONAGRAM

STATION _Lindau_
DATE _22.3.65_ TIME _13³⁰ UT_
EQUIPMENT _III 14_
Total Ozone
Integrated Ozone _304_
Residual Ozone
(in m atm-cm)

DATA CONVERSION EQUATIONS

$$p_3(\mu mb) = \frac{1.732\,T(°K)\,\rho_3(\mu g/m^3)}{1000}$$

$$p_3(\mu mb) = \frac{0.55\,\Delta\Omega\,(m\,atm-cm)}{\Delta(\log_{10} p)}$$

$$r_3(\mu g/g) = \frac{1.657\,p_3(\mu mb)}{p(mb)}$$

0.1 atm-cm = 0.2141 mg/cm² = 2.687 × 10¹⁸ molecules/cm² =
Ozone Equivalent Of Box Area

STATION _Lindau_
DATE _22.3.65_
TIME _13³⁰ UT_

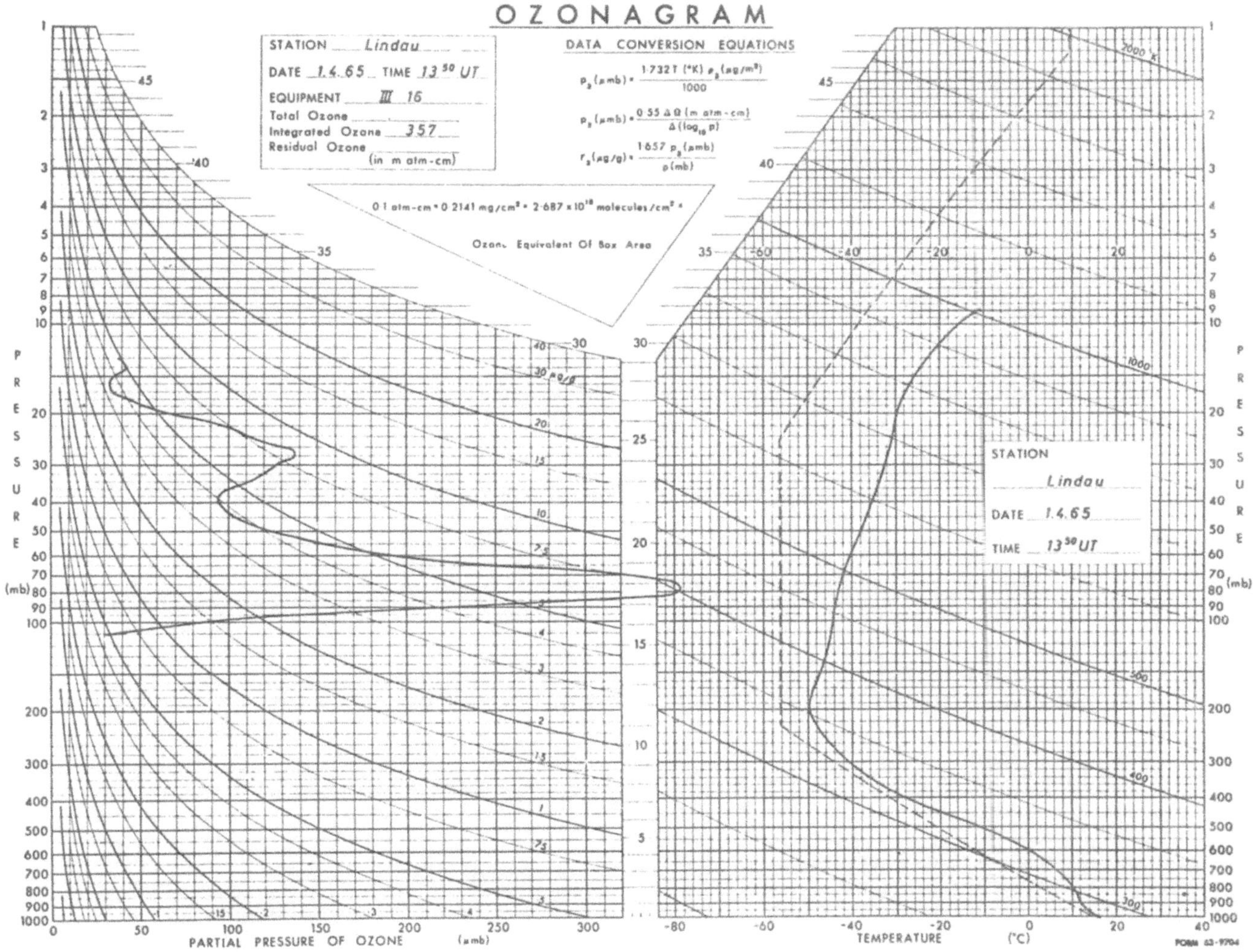

OZONAGRAM

STATION Lindau
DATE 1.4.65 **TIME** 13:50 UT
EQUIPMENT III 16
Total Ozone ____
Integrated Ozone 357
Residual Ozone ____ (in m atm-cm)

DATA CONVERSION EQUATIONS

$$p_3(\mu mb) = \frac{1.732 \, T(°K) \, \rho_3(\mu g/m^3)}{1000}$$

$$p_3(\mu mb) = \frac{0.55 \, \Delta \Omega \, (m \, atm\text{-}cm)}{\Delta(\log_{10} p)}$$

$$r_3(\mu g/g) = \frac{1.657 \, p_3(\mu mb)}{p(mb)}$$

0.1 atm-cm = 0.2141 mg/cm² = 2.687 × 10¹⁸ molecules/cm² =

Ozone Equivalent Of Box Area

STATION Lindau
DATE 1.4.65
TIME 13:50 UT

PARTIAL PRESSURE OF OZONE (µmb)   TEMPERATURE (°C)

FORM 63-9704

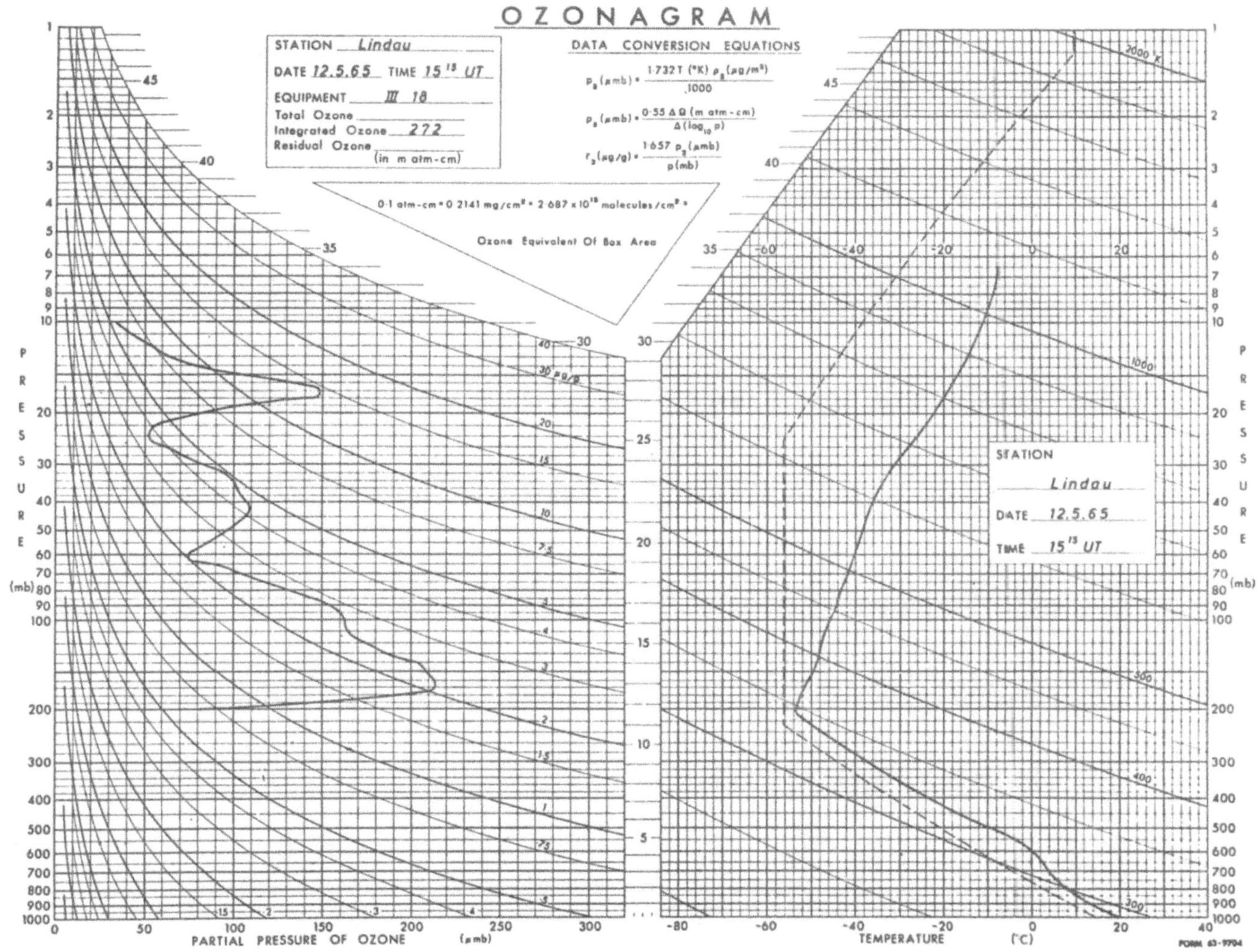

OZONAGRAM

STATION Lindau
DATE 12.5.65 **TIME** 15:13 UT
EQUIPMENT III 18
Total Ozone ____
Integrated Ozone 272
Residual Ozone ____ (in m atm-cm)

DATA CONVERSION EQUATIONS

$$p_3(\mu mb) = \frac{1.732 \, T(°K) \, \rho_3(\mu g/m^3)}{1000}$$

$$p_3(\mu mb) = \frac{0.55 \, \Delta \Omega \, (m \, atm\text{-}cm)}{\Delta(\log_{10} p)}$$

$$r_3(\mu g/g) = \frac{1.657 \, p_3(\mu mb)}{p(mb)}$$

0.1 atm-cm = 0.2141 mg/cm² = 2.687 × 10¹⁸ molecules/cm² =

Ozone Equivalent Of Box Area

STATION Lindau
DATE 12.5.65
TIME 15:13 UT

PARTIAL PRESSURE OF OZONE (µmb)   TEMPERATURE (°C)

FORM 63-9704

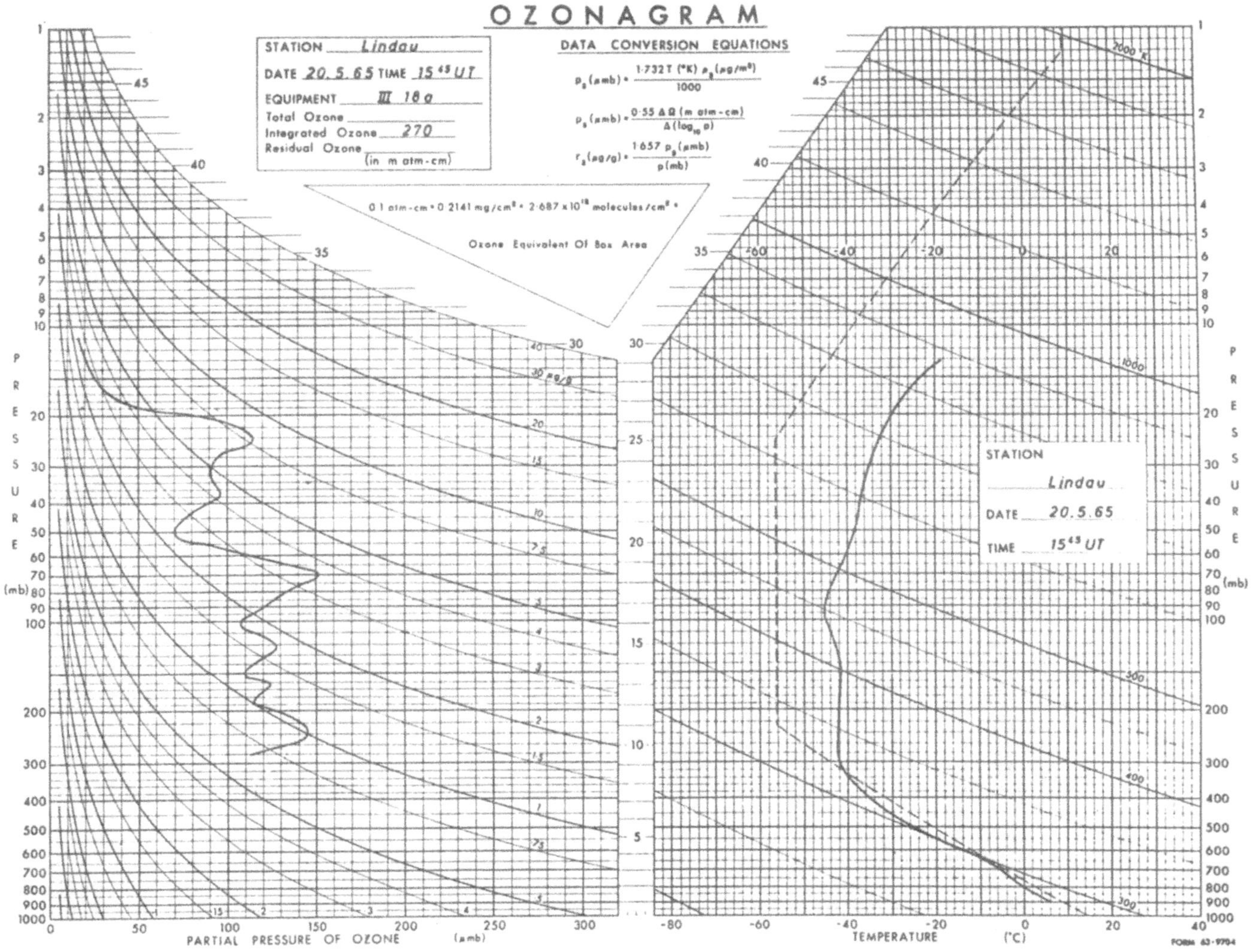

OZONAGRAM

STATION Lindau
DATE 20.5.65 TIME 15⁴⁵ UT
EQUIPMENT III 18a
Total Ozone
Integrated Ozone 270
Residual Ozone
(in m atm-cm)

DATA CONVERSION EQUATIONS

$$p_s(\mu mb) = \frac{1.732\,T(°K)\,\rho_s(\mu g/m^3)}{1000}$$

$$p_s(\mu mb) = \frac{0.55\,\Delta\Omega\,(m\,atm-cm)}{\Delta(\log_{10} p)}$$

$$r_s(\mu g/g) = \frac{1.657\,p_s(\mu mb)}{p(mb)}$$

0.1 atm-cm = 0.2141 mg/cm² = 2.687 × 10¹⁸ molecules/cm² =

Ozone Equivalent Of Box Area

STATION Lindau
DATE 20.5.65
TIME 15⁴⁵ UT

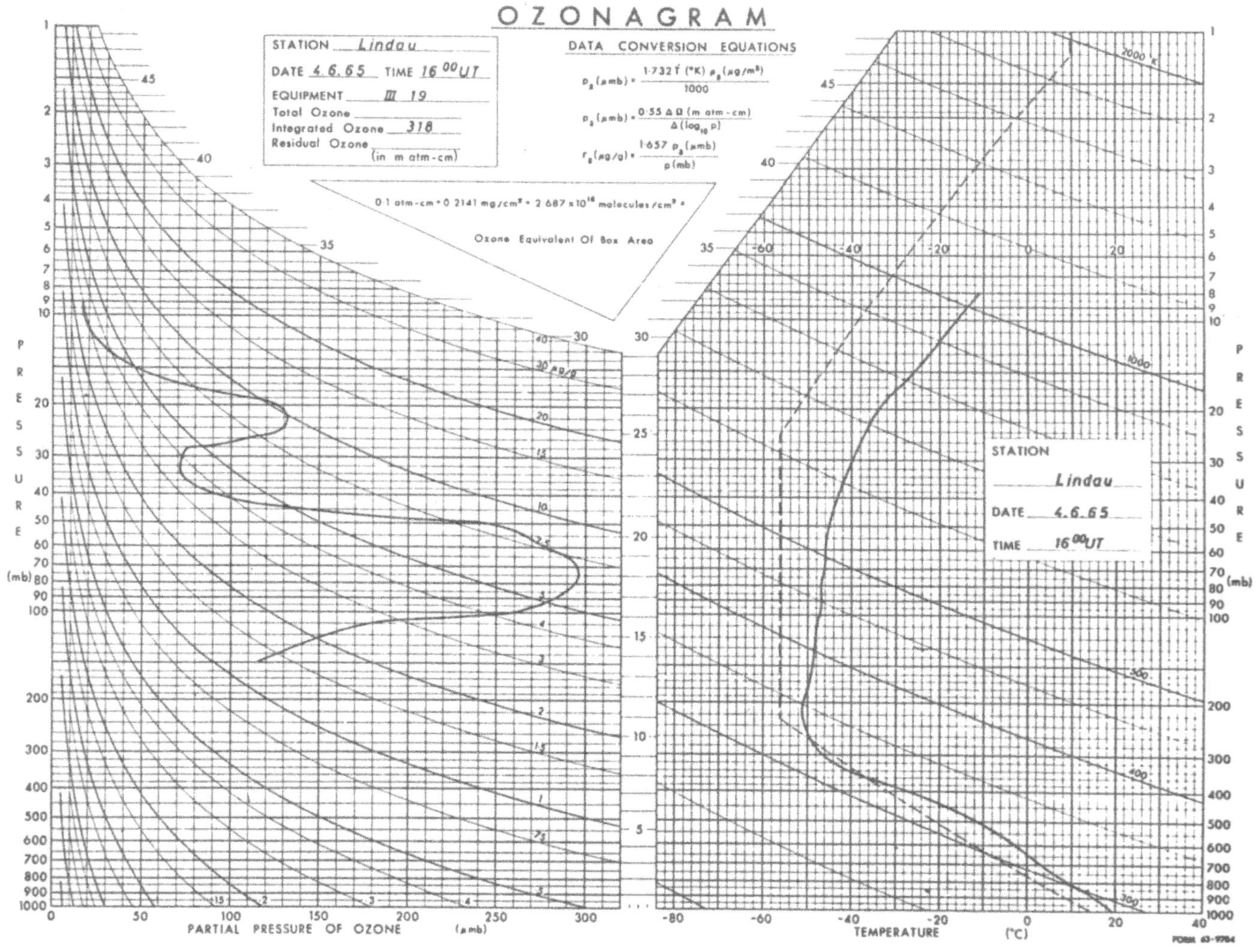

OZONAGRAM

STATION Lindau
DATE 4.6.65 TIME 16⁰⁰ UT
EQUIPMENT III 19
Total Ozone
Integrated Ozone 318
Residual Ozone
(in m atm-cm)

DATA CONVERSION EQUATIONS

$$p_s(\mu mb) = \frac{1.732\,T(°K)\,\rho_s(\mu g/m^3)}{1000}$$

$$p_s(\mu mb) = \frac{0.55\,\Delta\Omega\,(m\,atm-cm)}{\Delta(\log_{10} p)}$$

$$r_s(\mu g/g) = \frac{1.657\,p_s(\mu mb)}{p(mb)}$$

0.1 atm-cm = 0.2141 mg/cm² = 2.687 × 10¹⁸ molecules/cm² =

Ozone Equivalent Of Box Area

STATION Lindau
DATE 4.6.65
TIME 16⁰⁰ UT

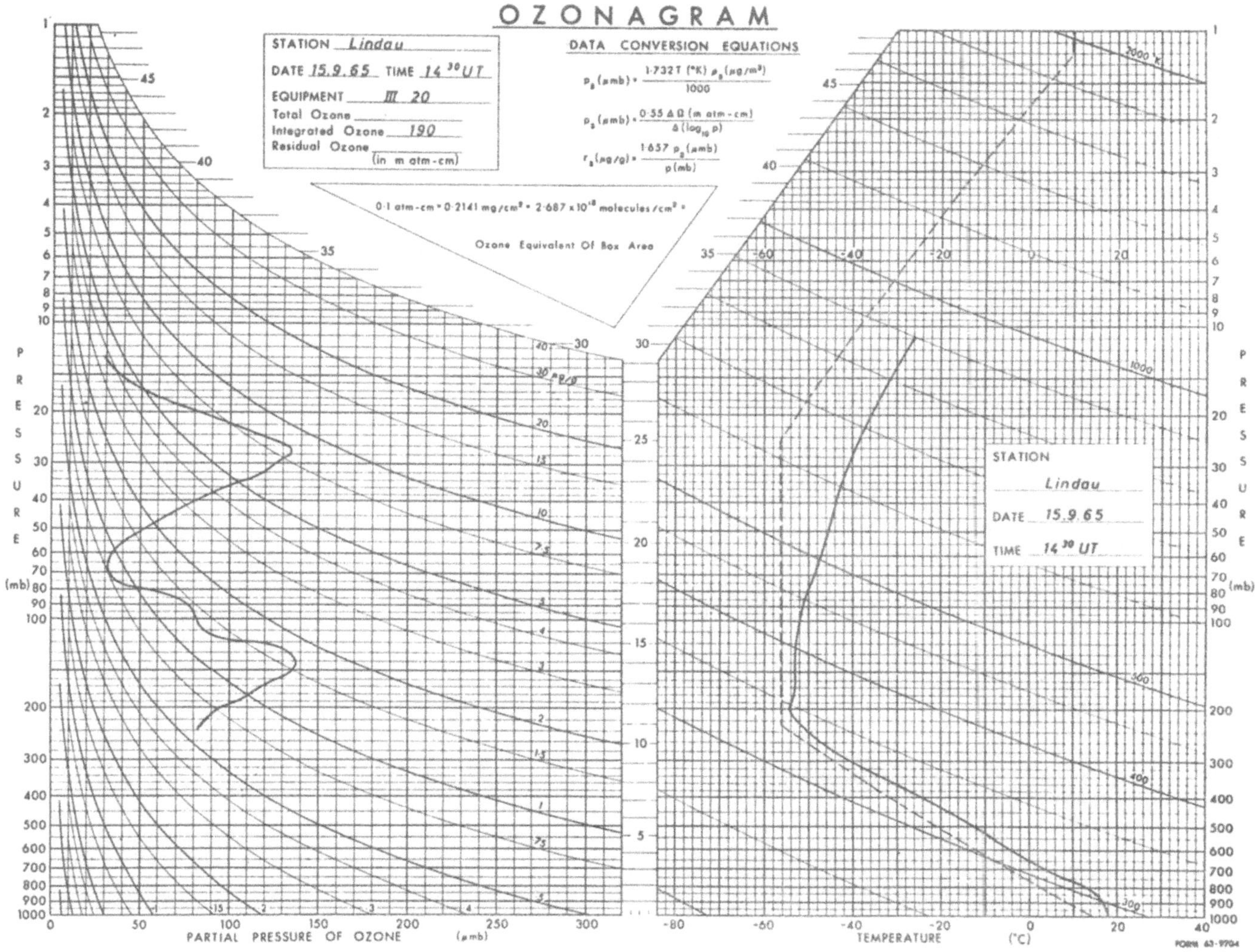

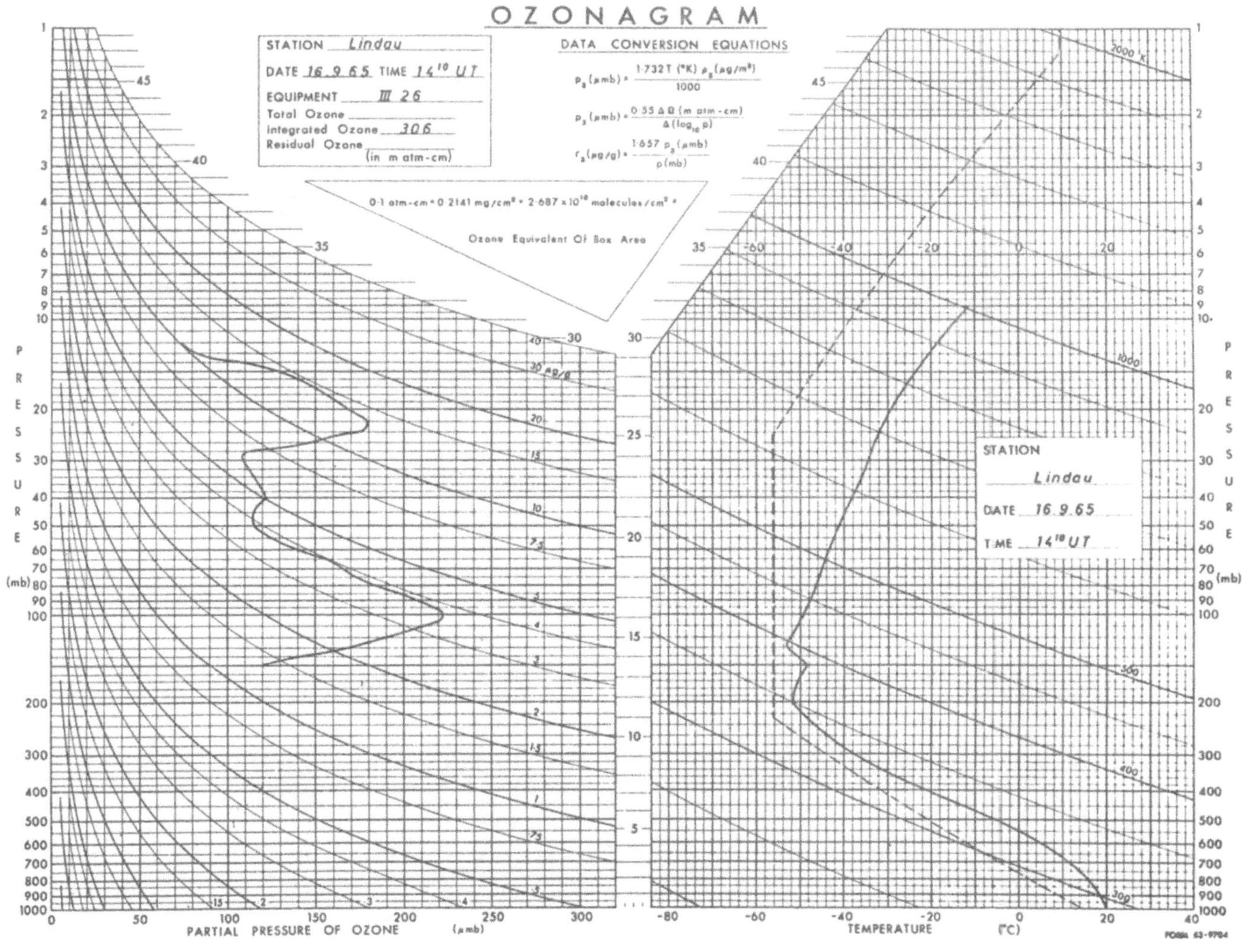

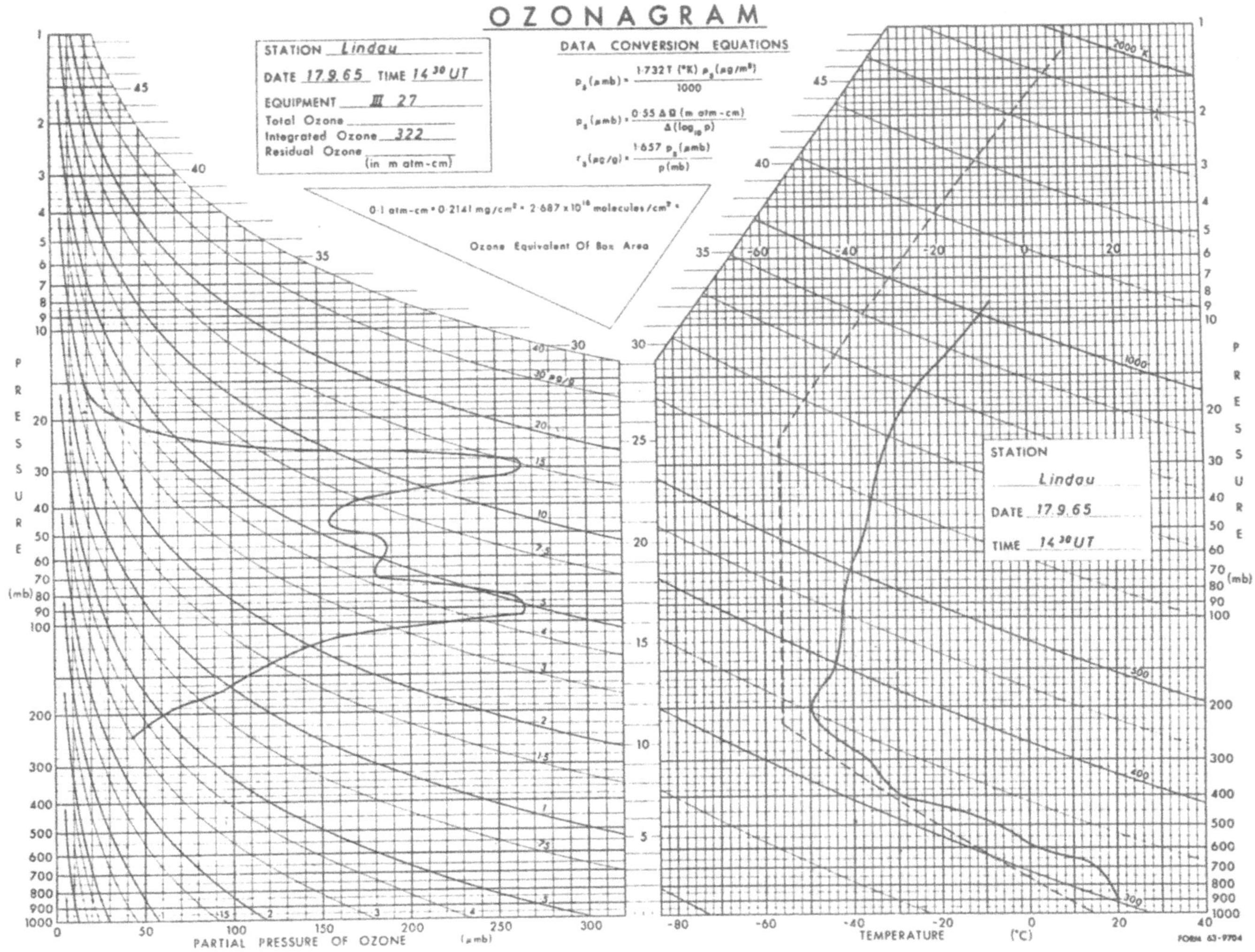

OZONAGRAM

STATION Lindau
DATE 17.9.65 **TIME** 14³⁰ UT
EQUIPMENT III 27
Total Ozone _____
Integrated Ozone 322
Residual Ozone _____
(in m atm-cm)

DATA CONVERSION EQUATIONS

$$p_s(\mu mb) = \frac{1.732\,T(°K)\,\rho_s(\mu g/m^3)}{1000}$$

$$p_s(\mu mb) = \frac{0.55\,\Delta\Omega\,(m\,atm-cm)}{\Delta(\log_{10} p)}$$

$$r_s(\mu g/g) = \frac{1.657\,p_s(\mu mb)}{p(mb)}$$

0.1 atm-cm $= 0.2141$ mg/cm² $= 2.687 \times 10^{18}$ molecules/cm² =

Ozone Equivalent Of Box Area

STATION Lindau
DATE 17.9.65
TIME 14³⁰ UT

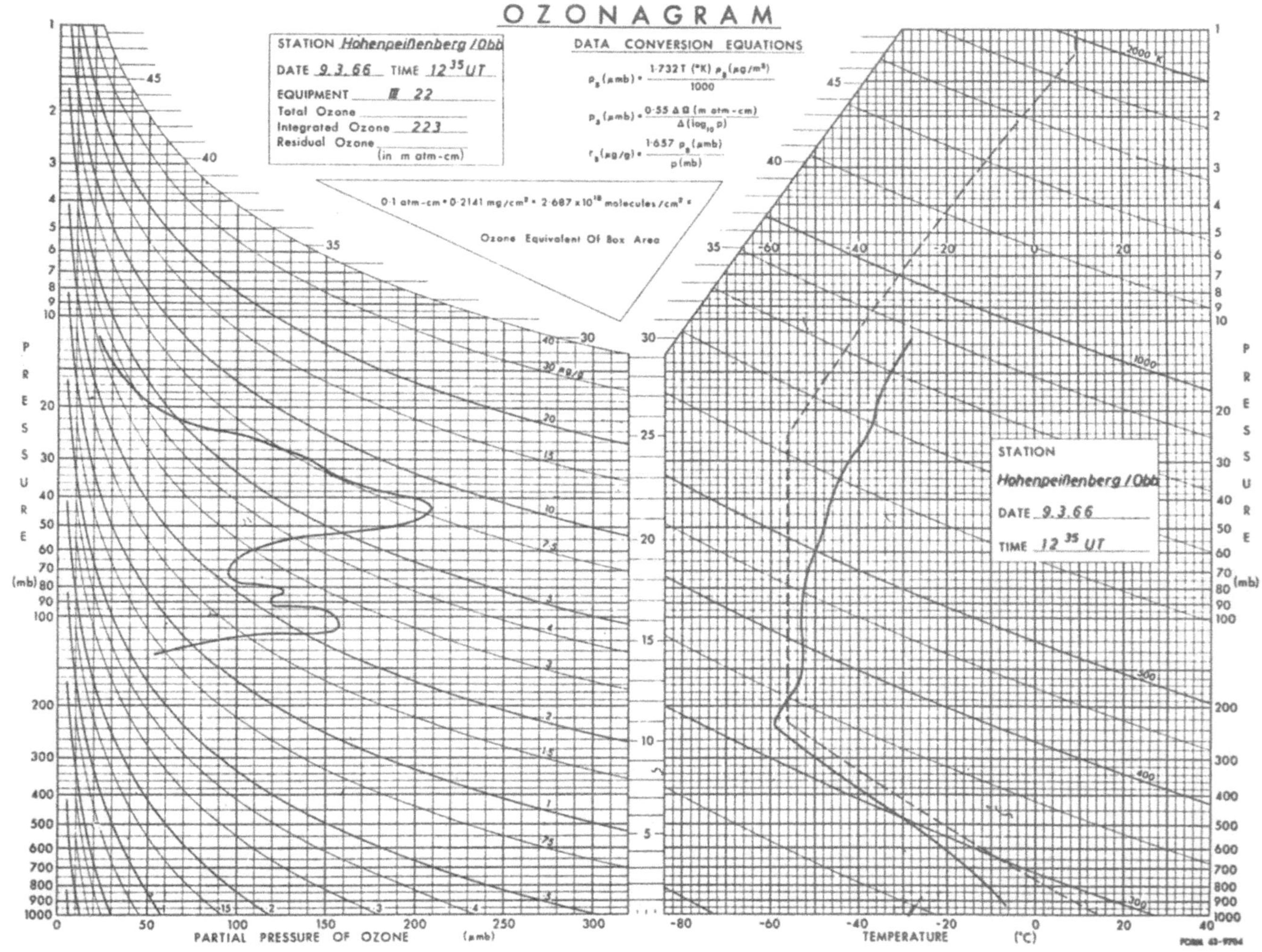

OZONAGRAM

STATION Hohenpeißenberg/Obb
DATE 9.3.66 **TIME** 12³⁵ UT
EQUIPMENT III 22
Total Ozone _____
Integrated Ozone 223
Residual Ozone _____
(in m atm-cm)

DATA CONVERSION EQUATIONS

$$p_s(\mu mb) = \frac{1.732\,T(°K)\,\rho_s(\mu g/m^3)}{1000}$$

$$p_s(\mu mb) = \frac{0.55\,\Delta\Omega\,(m\,atm-cm)}{\Delta(\log_{10} p)}$$

$$r_s(\mu g/g) = \frac{1.657\,p_s(\mu mb)}{p(mb)}$$

0.1 atm-cm $= 0.2141$ mg/cm² $= 2.687 \times 10^{18}$ molecules/cm² =

Ozone Equivalent Of Box Area

STATION Hohenpeißenberg/Obb
DATE 9.3.66
TIME 12³⁵ UT

OZONAGRAM

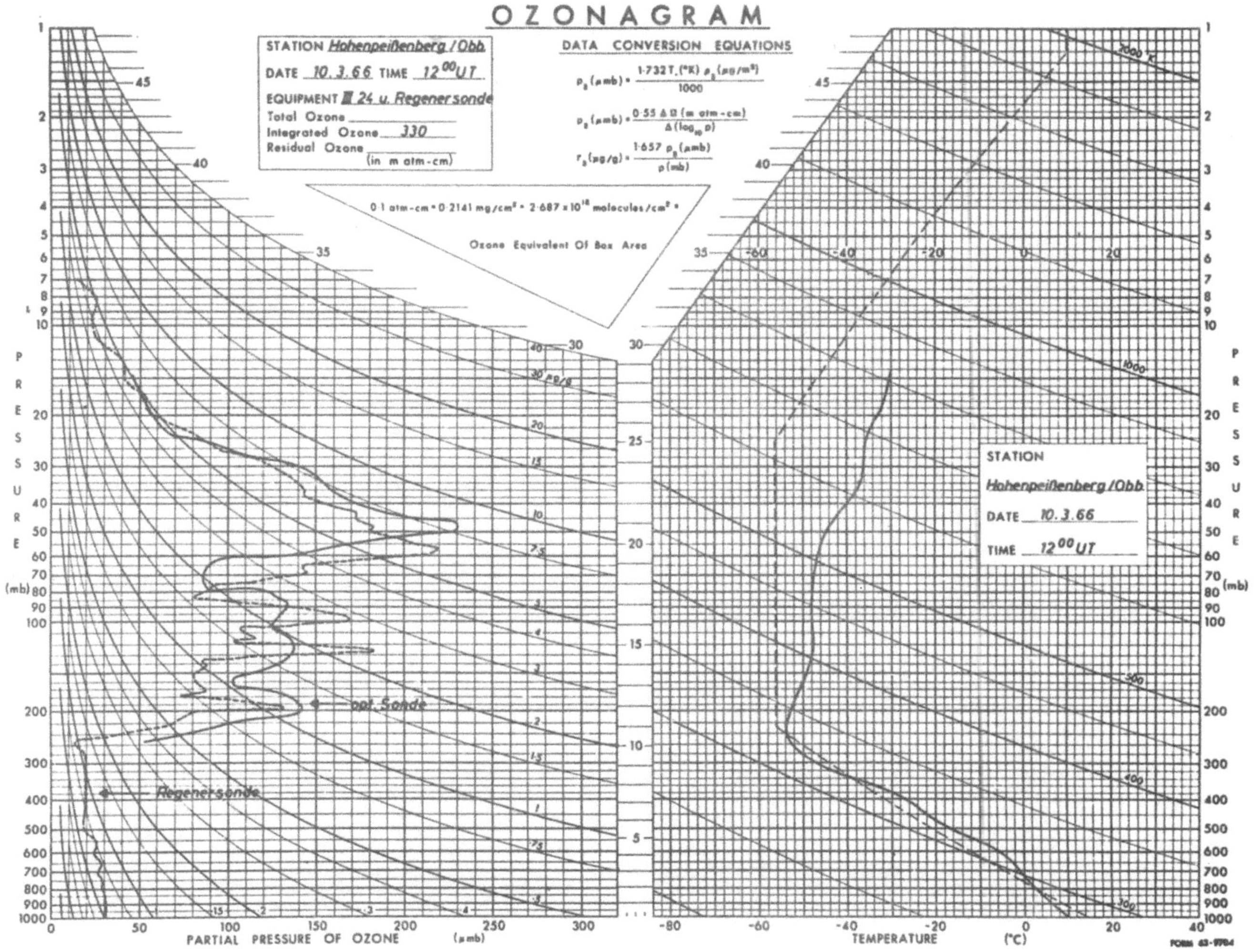

STATION *Hohenpeißenberg/Obb.*
DATE *10.3.66* TIME *12:00 UT*
EQUIPMENT *III 24 u. Regenersonde*
Total Ozone
Integrated Ozone *330*
Residual Ozone
(in m atm-cm)

DATA CONVERSION EQUATIONS

$$p_g (\mu mb) = \frac{1.732\,T\,(°K)\,\rho_g\,(\mu g/m^3)}{1000}$$

$$p_g (\mu mb) = \frac{0.55\,\Delta\Omega\,(m\,atm\text{-}cm)}{\Delta(\log_{10} p)}$$

$$r_g (\mu g/g) = \frac{1.657\,p_g\,(\mu mb)}{p\,(mb)}$$

0.1 atm-cm = 0.2141 mg/cm² = 2.687 × 10¹⁸ molecules/cm² =
Ozone Equivalent Of Box Area

STATION *Hohenpeißenberg/Obb.*
DATE *10.3.66*
TIME *12:00 UT*

OZONAGRAM

STATION *Lindau*
DATE *22.4.66* TIME *15:00 UT*
EQUIPMENT *III 25*
Total Ozone
Integrated Ozone *325*
Residual Ozone
(in m atm-cm)

DATA CONVERSION EQUATIONS

$$p_g (\mu mb) = \frac{1.732\,T\,(°K)\,\rho_g\,(\mu g/m^3)}{1000}$$

$$p_g (\mu mb) = \frac{0.55\,\Delta\Omega\,(m\,atm\text{-}cm)}{\Delta(\log_{10} p)}$$

$$r_g (\mu g/g) = \frac{1.657\,p_g\,(\mu mb)}{p\,(mb)}$$

0.1 atm-cm = 0.2141 mg/cm² = 2.687 × 10¹⁸ molecules/cm² =
Ozone Equivalent Of Box Area

STATION *Lindau*
DATE *22.4.66*
TIME *15:00 UT*

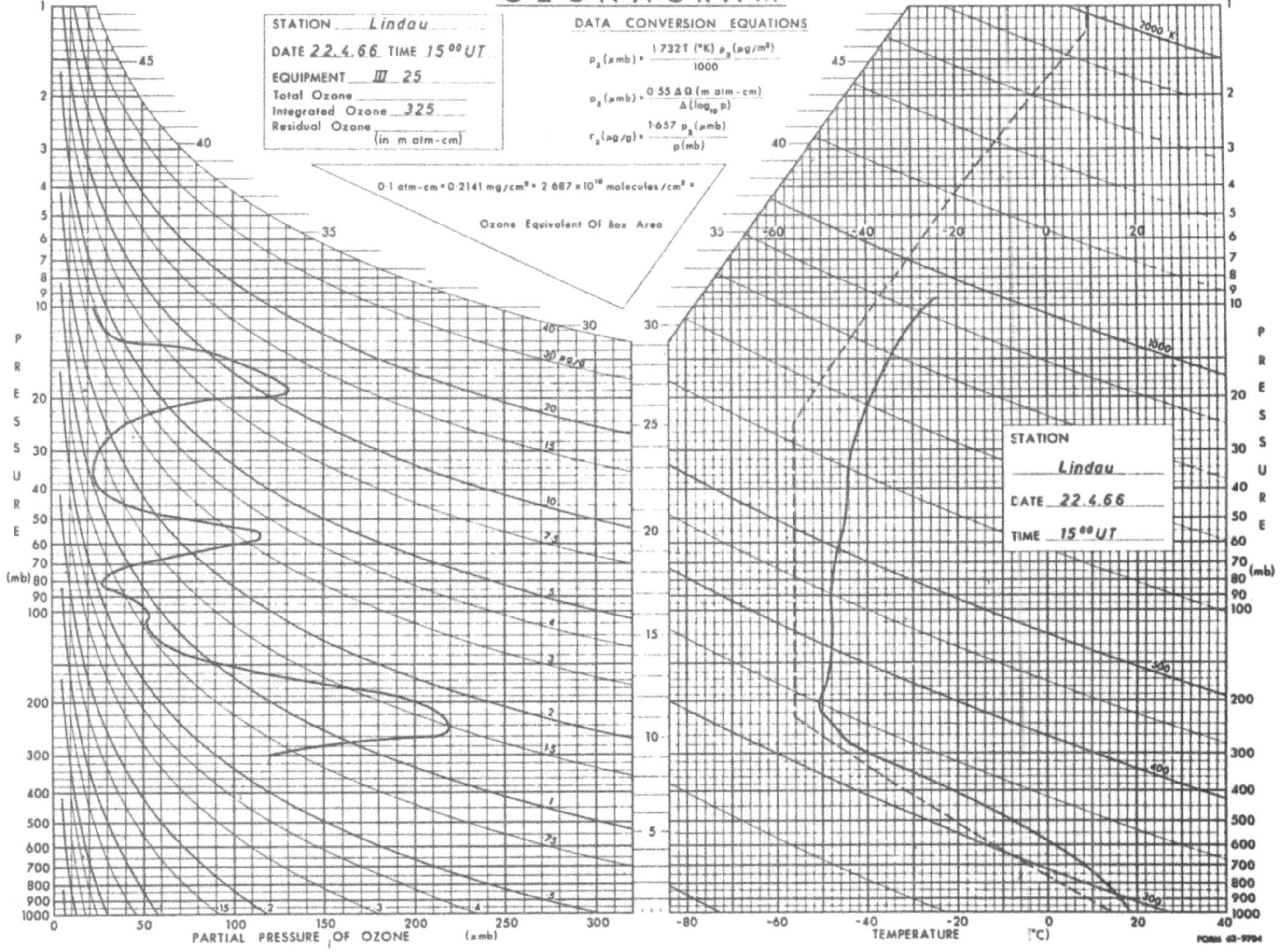

Verzeichnis der Mitteilungen aus dem Max-Planck-Institut für Physik der Stratosphäre

---

Nr. 1/1953   Über den Beitrag der von μ-Mesonen angestoßenen Elektronen zu den Ultrastrahlungsschauern unter Blei. G. Pfotzer

Nr. 2/1954   Ein Zählrohrkoinzidenzgerät zur Registrierung der kosmischen Ultrastrahlung. A. Ehmert

Eine einfache Methode zur Einstellung und Fixierung des Expansionsverhältnisses von Nebelkammern. G. Pfotzer

Nr. 3/1954   Optische Interferenzen an dünnen, bei -190°C kondensierten Eisschichten. Erich Regener (vergriffen)

Nr. 4/1955   Über die Messung der Temperatur des atmosphärischen Ozons mit Hilfe der Huggins-Banden. H. Zschörner und H. K. Paetzold

Nr. 5/1956   Ein neuer Ausbruch solarer Ultrastrahlung am 23. Februar 1956. A. Ehmert und G. Pfotzer, vergriffen (erschienen Z. Naturforschung 11a, 322, 1956)

Nr. 6/1956   Das Abklingen der solaren Ultrastrahlung beim Ausbruch am 23. Februar 1956 und die geomagnetischen Einfallsbedingungen. A. Ehmert und G. Pfotzer

Nr. 7/1956   Die Impulsverteilung der solaren Ultrastrahlung in der Abklingphase des Strahlungseinbruches am 23. Februar 1956. G. Pfotzer

Nr. 8/1956   Die atmosphärischen Störungen und ihre Anwendung zur Untersuchung der unteren Ionosphäre. K. Revellio

Nr. 9/1956   Solare Ultrastrahlung als Sonde für das Magnetfeld der Erde in großer Entfernung. G. Pfotzer

*

Die vorstehenden Hefte können beim Max-Planck-Institut für Aeronomie, 3411 Lindau angefordert werden.

Mitteilungen aus dem Max-Planck-Institut für Aeronomie

Nr. 1 (S) Waibel: Messungen von Primärteilchen der kosmischen Strahlung.

Nr. 2 (S) Erbe: Auswirkung der Variationen der primären kosmischen Strahlung auf die Mesonen- und Nukleonenkomponente am Erdboden.

Nr. 3 (I) Kohl: Bewegung der F-Schicht der Ionosphäre bei erdmagnetischen Bai-Störungen.

Nr. 4 (I) Becker: Tables of ordinary and extraordinary refractive indices, group refractive indices and $h'_{o,x}(f)$-curves or standard ionospheric layer models.

Nr. 5 (S) Schröpl: Über eine Neubestimmung des Absorptionskoeffizienten von Ozon im Ultraviolett bei kleinen Konzentrationen.

Nr. 6 (S) Erbe: Ergebnisse der Ballonaufstiege zur Messung der kosmischen Strahlung in Weissenau und Lindau.

Nr. 7 (S) Meyer: Elektromagnetische Induktion eines vertikalen magnetischen Dipols über einem leitenden homogenen Halbraum.

Nr. 8 (I u. S) Dieminger und Mitarb.: Die geophysikalischen Ereignisse des 12. - 14. November 1960.

Nr. 9 (S) Pfotzer, Ehmert, and Keppler: Time Pattern of Ionizing Radiation in Balloon Altitudes in High Latitudes. Part A, Text; Part B, Figures and Diagrams.

Nr. 10 (S) Waibel: Eine Ballonsonde zur Messung von Röntgenstrahlung und solarer Ultrastrahlung.

Nr. 11 (S) Voelker: Zur Breitenabhängigkeit erdmagnetischer Pulsationen.

Nr. 12 (S) Jaeschke: Registrierung von Pulsationen im südlichen Niedersachsen als Beitrag zur erdmagnetischen Tiefensondierung.

Nr. 13 (S) Meyer: Elektromagnetische Induktion in einem leitenden homogenen Zylinder durch äußere magnetische und elektrische Wechselfelder.

Nr. 14 (S) Kremser: Über den Zusammenhang zwischen Röntgenstrahlungs-Ausbrüchen in der Polarlichtzone und bayartigen erdmagnetischen Störungen.

Nr. 15 (S) Keppler: Messung von Röntgenstrahlung und solaren Protonen mit Ballongeräten in der Nordlichtzone.

Nr. 16 (S) Kirsch: Die Anisotropien der kosmischen Strahlung.

Nr. 17 (S) Guilino: Ausbau eines Wechsellichtmonochromators und seine Anwendung zur Messung des Luftleuchtens während der Dämmerung und in der Nacht.

Nr. 18 (S) Pfotzer and Ehmert: Measurements of High Energetic Auroral Radiations with Balloon-Borne Detectors in 1962 and 1963 Part A to C, Text; Part D, Figures and Diagrams.

Nr. 19 (I) Hartmann: Bestimmung wichtiger Satellitenpositionen mit Hilfe graphischer Darstellungen.

Nr. 20 (S) Keppler: Über die Eigenschaften von Zählrohren und Ionisationskammern in verschiedenartigen Strahlungsfeldern. - Zur Interpretation von Röntgenstrahlungsmessungen in Ballonhöhe in der Nordlichtzone.

Nr. 21 (S) Siebert: Zur Theorie erdmagnetischer Pulsationen mit breitenabhängigen Perioden.

Nr. 22 (S) Meyer: Zur 27 täglichen Wiederholungsneigung der erdmagnetischen Aktivität, erschlossen aus den täglichen Charakterzahlen C8 von 1884-1964.

Nr. 23 (S) Frisius: Über die Bestimmung von Längstwellen - Ausbreitungsparametern aus Feldstärkemessungen am Erdboden.

Nr. 24 (I) Ma: Einfluß der erdmagnetischen Unruhe auf den brauchbaren Frequenzbereich im Kurzwellen-Weitverkehr am Rande der Nordlichtzone.

Nr. 25 (S) Kremser, Keppler, Bewersdorff, Saeger, Ehmert, Pfotzer, Riedler, Legrand: X - Ray Measurements in the Auroral Zone from July to October 1964.

Nr. 26 (I) Stubbe: Theoretische Beschreibung des Verhaltens der nächtlichen F - Schicht.

Nr. 27 (S) Wilhelm: Registrierung und Analyse erdmagnetischer Pulsationen der Polarlichtzone, sowie ein Vergleich mit Bremsstrahlungsmessungen.

If you have any concerns about our products,
you can contact us on
ProductSafety@springernature.com

In case Publisher is established outside the EU,
the EU authorized representative is:
Springer Nature Customer Service Center GmbH
Europaplatz 3, 69115 Heidelberg, Germany

Printed by Libri Plureos GmbH
in Hamburg, Germany